JEAN-YVES LACROIX

PECHBLENDE

roman

ALBIN MICHEL

Il y a très peu de vrais morts :
les cimetières sont remplis de fraudeurs
et nos têtes sont pleines de fantômes.

PROLOGUE

Un faux air de Rimbaud

L'illusion ne fonctionnait pas si mal. Il suffisait pour s'en convaincre d'occulter l'arrière-plan, de garder le flou sur les ramifications latérales, en un mot, de cadrer le sujet au plus près des épaules, en coupant à la taille. Sous la pluie fine de mars, au terme d'une séquence de tempêtes mémorables, on pouvait même compter sur la contribution de quelques goélands dévoyés loin des côtes. L'endroit semblait désert à cette heure matinale, seules les odeurs végétales parvenaient à altérer la sensation de grand large qui flottait dans le ciel de Paris. Jef Goldman ferma les yeux avec extase, la bouche entrouverte, et se mit à renifler sur cent quatre-vingts degrés à la manière d'un leveur de gibier. Il inclina le visage à droite, à gauche, et de façon simultanée de bas en haut, à la recherche de l'angle idéal, puis, d'un curieux décrochement de la colonne cervicale, parut piquer du nez sous l'horizon, dans un sourire idiot. Le buste se mit à dodeliner, à onduler contre l'air courant, bien plus de temps que le jeune homme n'en aurait cru nécessaire pour constater sur sa personne les signes annonciateurs de la noyade. Mais alors, un instant avant de reprendre son souffle, il put s'imaginer vent debout, perché sur le pont supérieur d'un puissant paquebot, le visage battu par les embruns et la brise marine, le torse bombé face à l'île de Manhattan.

Jef Goldman rouvrit les paupières et savoura la chimère qui se matérialisait devant lui. À droite, se dressait *La Liberté éclairant le monde*, la statue offerte par la France aux États-Unis à l'occasion du centenaire de la Déclaration d'indépendance américaine. Pour la première fois, il voyait la sculpture de près, de si près, en réalité, qu'il pouvait la toucher. Elle présentait une apparence métallique conforme à ce qu'il avait pu observer lors des actualités. Il glissa la serviette de cuir entre ses genoux, sortit un mouchoir de son imperméable afin d'essuyer ses lunettes. Le hasard de la promenade lui donnait l'occasion d'apprécier la plastique en détail. Jef prit le temps de faire le tour du piédestal, en analysant l'expression du visage, les raideurs de la pompe, les plis de la toge. Sur la foi des critères esthétiques en présence, il décréta que son propre profil ne correspondait pas à celui d'un candidat à l'exil. Ni physique, ni moral. *No way*. Jef rentra la tête dans les épaules, fit deux pas de retrait, comme un aspirant recalé. La pluie venait de cesser. Il essuya à nouveau ses lunettes. Derrière *La Liberté*, les branches du grand hêtre retrouvèrent aussitôt brillance et clarté. Fines et dotées d'une belle envergure, hérissées de rameaux glabres et de bourgeons détrempés, à intervalles plus ou moins réguliers, elles semblaient dessiner à travers le ciel des jardins du Luxembourg de longues lignes de fer barbelé. Le jeune homme se souvint à propos qu'il était venu jusqu'ici pour visiter l'Arboretum.

Jef Goldman signa le registre des entrées de la bibliothèque de l'École normale supérieure, à la rubrique des enseignants, peu après 9 heures. Il étala ses affaires derrière une baie vitrée et, muni d'un crayon, d'un carnet, entreprit de s'attaquer au fichier central. La veille, en parcourant un mémoire consacré au problème de Pappus, il était tombé sur une accusation de plagiat sensationnelle. L'auteur de l'étude en question, un obscur compilateur du second Empire, prétendait que Descartes s'était directement inspiré de l'*Algèbre* d'Omar Khayyam pour rédiger le second livre de sa *Géométrie*. Un poète à l'origine de la révolution cartésienne ! La piste semblait prometteuse. La comparaison des citations se révélait troublante aux yeux du spécialiste ; Jef tenait néanmoins à recouper avec soin les morceaux choisis par le vieil érudit avant de s'emballer.

Abou Fath Omar ben Ibrahim Alkhayyami, Omar Al-Khayyami, Omar Alkhayyami, Umar al-Khayyam, Omar Khayyam, Omar Khayam, Omar Khéyam, et *algèbre*, bien entendu. Jef pointa les entrées sur la liste pour s'assurer qu'il n'avait rien oublié. Résultat nul.

Aucune piste exploitable au fichier. Pas la moindre référence à une version imprimée du traité mathématique dans les différentes éditions des *Quatrains* du poète, non plus. À supposer qu'une traduction européenne existât, elle pouvait se cacher derrière un titre collectif, mais Jef ne se sentait pas de pousser la pêche jusqu'à la mer des Sargasses du monde des livres : la salle des périodiques scientifiques. Il préférait encore tenter sa chance auprès des bouquinistes ou bien demeurer au sec, et corriger sa thèse complémentaire. Depuis trois semaines, le jeu d'épreuves l'accompagnait partout dans sa serviette, comme un avorton honteux. Les typographes de l'imprimerie Jouve et Cie s'étaient conduits en sagouins si scrupuleux qu'un simple survol des placards avait suffi à réduire à néant le peu d'allant qu'il conservait pour ce genre de foutaises. Sans doute la foi s'étiolait-elle depuis la parution de son premier ouvrage, quelques mois auparavant. Il y avait mis du cœur, sacrifié le plus clair de son temps. Convaincu de l'importance de cette publication, il s'était persuadé qu'un tas de feuilles imprimées aurait le pouvoir de redéfinir les coordonnées fondamentales de son existence. Il espérait tout d'un livre à son nom, comme la chrysalide rêve de papillon.

Sous le titre *Essai sur les notions de structure et d'existence en mathématiques*, le volume était paru en librairie au mois de décembre, sans produire son effet de prodige, bien sûr. Les rares commentaires sensibles étaient venus de son rival, Jean Cavaillès, un normalien de cinq ans son aîné, qui régnait sans partage sur la discipline. Ils s'aimaient autant qu'ils se détestaient. Sans parler du mondain invétéré, front haut, sourire dévastateur, Jef voyait surtout Cavaillès comme un obstacle perpétuel à une carrière universitaire dans le domaine de l'axiomatique ou de la philosophie des mathématiques. Jusqu'à présent, il s'était toujours interdit de postuler pour un lycée de province. Plus le temps s'écoulait, cependant, plus ses perspectives lui paraissaient figées sur le flanc de la montagne Sainte-Geneviève, cloisonnées entre les rayonnages de la bibliothèque. Depuis l'année de son intégration à l'École normale supérieure, en 1927, Jef Goldman ne s'était émancipé de la rue d'Ulm que trois ans : le temps d'accomplir son service national et d'assumer une charge d'enseignement dans la ville d'Osaka, au Japon. De retour en France, l'ancien élève avait pu accéder au rang de répétiteur et recevait depuis un salaire de caïman pour préparer les candidats à l'agrégation. Jef vivait attaché à l'École comme une moule à son bouchot, de manière viscérale : il n'y dormait plus mais continuait à prendre ses repas au pot, midi et soir. Quant à la bibliothèque, elle constituait une dépendance de son studio. Au fil des années, Jef en était pour ainsi dire devenu le locataire attitré, discret, aimable, toujours prêt à rendre service. À chaque rentrée, par exemple, il se faisait un devoir de piloter la visite de son domaine. Le caïman assénait alors aux impétrants, comme une loi scientifique, que tout le temps qu'ils pourraient passer dans cette bibliothèque, leur corps ne vieillirait pas. Il en donnait pour preuve ses propres habitudes et ses airs juvéniles. Mais à trente ans et demi, l'éternel étudiant finissait par se lasser du folklore. Il pressentait une vie brève, incisive, ainsi qu'il se représentait la traversée du génie. Dans ses cours, Jef évoquait volontiers la figure d'Évariste Galois, un archicube de légende, un mathématicien hors pair, mort en duel à vingt et un ans. En privé, il avouait qu'il ne connaissait rien de plus tragique que ce moment d'éternité où le génie, aux premiers signes de l'aube, avait compris qu'il n'aurait plus le temps de révéler la totalité de ses théories. Dernièrement, Jef s'était plaint que l'Histoire galopante ne lui eût pas encore fourni l'occasion d'un destin fulgurant : sa fiancée n'avait pas supporté sa mauvaise foi plus longtemps. Pour la première fois depuis dix ans, il se trouvait libre de tout engagement.

Jef Goldman releva son courrier en sortant de l'École et se dirigea vers le Panthéon. Il essaya Gibert, sans résultat, puis remonta place de la Sorbonne à la Librairie scientifique Blanchard, où on lui indiqua obligeamment une adresse à proximité du Sénat. Rue de Tournon, il découvrit deux larges vitrines garnies avec sobriété et raffinement. À l'intérieur, le décor reflétait la même opulence discrète, calculée au millimètre afin de ne pas effaroucher le client. Jef se félicita d'avoir poussé la bonne porte. À trente-cinq ans à peine, le propriétaire des lieux paraissait extraordinairement affûté dans son art. Il tenait tout en tête, à disposition, les noms, les lieux, les dates. Le professionnel donnait le sentiment d'avoir collationné la veille l'édition française de l'*Algèbre* d'Omar Khayyam, car elle existait bel et bien. C'était Franz Woepcke qui l'avait établie, en 1851, et Benjamin Duprat, libraire de l'Institut, rue du Cloître-Saint-Benoît à Paris, qui en avait assumé les frais. Elle constituait même la seule version imprimée, toutes langues confondues. Le libraire n'en avait jamais vu aucun exemplaire sur le marché, mais il insista sur le fait que son département des sciences relevait d'une création récente. Jef Goldman écoutait, impressionné, et prenait mentalement des notes. Dans la boutique en retrait, il remarqua un beau jeune homme, tout ouïe lui aussi. Grand, bien bâti, presque athlétique, un visage parfait d'ange en exil, avec des cheveux châtains mal en ordre et des yeux d'un bleu inquiétant.

« Il vous reste la Bibliothèque nationale. Cela dit, je peux lancer mes limiers sur le coup, si vous tenez instamment à conserver le volume », ajouta le libraire en lançant un clin d'œil à l'intention de son second.

L'adolescent se fendit d'un sourire éclatant. « Instamment », Jef Goldman n'aurait pas su dire autrement. Il saisit une carte de la maison : « Les Corps intermédiaires. Librairie. Poésie – Sciences anciennes. Édouard Mesens propriétaire ». En regagnant la porte, le philosophe remarqua un nu à la mine de plomb et, sur le mur à côté, un portrait de tout petit format, étonnant. Il ne parvenait pas à trancher s'il avait sous les yeux une photographie ancienne ou un dessin contemporain. Les blancs granuleux grignotaient les contours du visage au point de donner à la masse des cheveux l'aspect d'un agrégat de fibrilles de charbon.

« Votre assistant ? risqua Jef, benoîtement, à l'adresse du libraire.

– Arthur Rimbaud, le jour de son seizième anniversaire ! »

Plus tard, dans la soirée, le sentiment de n'être nulle part à sa place finit par céder à une inquiétude plus précise. Au milieu du courrier relevé le jour même à l'École, entre deux circulaires de l'administration, Jef découvrit un pli en provenance d'Italie. La missive contenait vingt feuillets dactylographiés sur du papier pelure, chacun d'eux frappé, en marge, de la lettre « V » à l'encre rouge. Le visa de la censure trônait également sur l'enveloppe, à côté de trois timbres à l'effigie de Benito Mussolini. L'oblitération révélait que la lettre avait été postée à Milan, le 7 décembre de l'an XVI de l'ère fasciste, à 16 heures. Aucune adresse d'expéditeur. Le texte s'intitulait : « *Il valore delle leggi statistiche nella fisica et nelle scienzi sociali* ». Sous le titre, d'une graphie minuscule :

« *A Jef G. ricordo da Roma, Ettore Majorana, Milano, 6 ott. 37 [XV].* » Jef Goldman se souvenait parfaitement de l'expéditeur, un Sicilien aux airs de corbeau farouche, qui lui avait été présenté comme un spécialiste de la structure atomique, et le protégé d'Enrico Fermi. Il avait fait sa connaissance six ans auparavant, en décembre 1931, à l'occasion d'un séjour en Italie, à l'Institut de physique de Rome. Tous deux participaient, chacun dans sa spécialité, à un « cycle de conférences internationales consacré aux notions de structure et de symétrie et à leurs applications récentes en mathématiques et en physique ». Mais avec un public et une équipe de conférenciers majoritairement composés de personnalités officielles, il leur était apparu bien vite que le cycle de conférences œuvrait avant tout au rapprochement franco-italien. La jeunesse et l'ennui, la connaissance partagée de l'allemand les avaient acoquinés pour un forfait de hasard : retranchés dans les laboratoires déserts de la via Panisperna, pendant trois jours et trois nuits, ils avaient disputé plus d'une centaine de parties d'échecs à la pendule. Majorana maîtrisait les contraintes du blitz bien mieux que Jef. Ce dernier se rappelait surtout les mains courtes et noueuses que le physicien agitait de part et d'autre du plateau, paumes vers le sol, comme un oiseau en vol. Le verbe élégant et mat, rare. Les deux hommes ne s'étaient plus revus, n'avaient jamais correspondu. Jef Goldman demeurait d'autant plus perplexe que le passage de la censure garantissait a priori l'innocuité du texte. À bien y regarder, la police fasciste avait tout de même mis soixante-deux jours à en décider. Et le courrier, plus encore pour arriver.

Jef examina l'article de près : le vocabulaire technique qu'il traduisait sans peine pouvait passer pour un habillage, mais un habillage de quoi ? Il ne connaissait pas assez la grammaire italienne pour décider de ses subtilités. Étaient-ce les marques de la police d'État sur chaque page, il se portait d'instinct à de sombres pressentiments. L'envoi datait de cinq mois. Le message revêtait-il un caractère d'urgence ? Jef devait comprendre, résoudre l'énigme, toute affaire cessante.

Il se saisit d'une feuille blanche et la coupa par le milieu. Il fit deux quarts de la première moitié et sur chacun d'eux, en lettres capitales, disposa la même offre d'emploi : « Caïman cherche familier de Dante. Travail rémunéré. Urgent. Casier Goldman. » Il hésita quelques instants à faire usage de la partie restante. À une époque où chacun mesurait la valeur d'un individu à l'étendue de son entregent, Jef répugnait par principe à solliciter le moindre passe-droit. Il pensait pourtant à son camarade Des Essarts, une espèce de girouette qui venait de faire son nid au ministère des Affaires étrangères. Ils s'étaient connus au lycée Louis-le-Grand, puis côtoyés rue d'Ulm dans les rangs des Jeunesses socialistes ; avec lui du moins, Jef tenait un prétexte tout trouvé. Il se mit à écrire, en pattes de mouche :

Mon cher Emmanuel,

J'apprends par les gazettes ta désignation au Quai d'Orsay. Permets-moi de te féliciter et de risquer une question : quelle perversion peut bien pousser un noble à se glorifier de rejoindre un gouvernement de Front populaire dans les colonnes de la presse bourgeoise ? Le Front populaire est mort depuis près de deux ans et ce ne sont pas les victoires que tu lui prêtes ni le retour de Blum aux affaires qui vont le ressusciter. J'ai eu vent de ton dernier canular, cette fable que tu colportes lors de soirées mondaines à propos d'un potager ouvrier conquis de haute lutte par les employés du Sénat. Je me suis rendu dans les jardins du Luxembourg, à l'endroit que la rumeur indiquait, à côté de l'Arboretum : il n'y a que de l'herbe, je ne t'apprends rien, sans doute. Je reconnais là ta conception généreuse du socialisme : à ta santé, camarade, baisse-toi et broute !

Jef

Post-scriptum : Je devine que les événements d'Éthiopie empoisonnent nos relations avec l'Italie, mais j'aimerais savoir ce que devient un physicien du nom d'Ettore Majorana. Il a notre âge et réside peut-être à Milan. Au début de la décennie, il travaillait à Rome dans l'équipe d'Enrico Fermi.

Jef Goldman prit à nouveau le chemin de l'École, le lendemain de bonne heure. Il punaisa les exemplaires de l'annonce bien en évidence, dans le hall, puis se rendit à la bibliothèque, où il demeura la journée entière et tous les jours suivants. Un traducteur se manifesta bientôt. Pendant les travaux, Jef poursuivit sa remise à niveau. Dans la salle des périodiques scientifiques, il entreprit de dévorer les articles qu'il pouvait dénicher concernant les développements de la physique et de la chimie nucléaires depuis deux décennies. Il s'attelait à ceux qui lui paraissaient accessibles, au vu de son piètre bagage. Il laissa ainsi de côté un article abstrus de Majorana sur les forces d'échange, en allemand. Les notions de Jef étaient vagues, les plus fraîches dataient de douze ans. Il se rappelait la classe de terminale, son professeur surtout, Michaux, un passionné de physique qui n'hésitait pas à discuter avec ses élèves les dernières avancées de la théorie. Au fur et à mesure de ses lectures, Jef voyait resurgir les lumières du passé. Il lui revint à l'esprit un cours sur le principe d'équivalence de la masse et de l'énergie. Michaux avait noté au tableau l'équation selon laquelle la quantité d'énergie propre d'une particule au repos est équivalente au produit de sa masse par le carré de la vitesse de la lumière. Ce qui donne : $E = mc^2$. L'enseignant avait posé un poids de fonte sur son bureau, d'une masse d'un kilo, avant de faire calculer à ses élèves ce qu'il en serait de ce même poids intégralement converti en énergie selon l'équation proposée par Einstein. Jef se souvenait que le résultat avait fait sensation : 25 milliards de kilowattheures, soit, à l'époque, la consommation d'énergie électrique des États-Unis sur une période de cent jours. Pour Michaux, c'était la preuve évidente de l'absurdité du principe établi par le physicien allemand. L'énormité du facteur de conversion – le carré de 300 000 kilomètres/seconde – trahissait selon lui une fiction mathématique, un monstre théorique, mais non le secret d'une quelconque réalité physique.

Depuis Michaux, le regard sur l'atome avait largement évolué. Les perspectives s'étaient ouvertes. Le nouveau principe d'équivalence de la masse et de l'énergie semblait avoir convaincu la majorité de la communauté scientifique de l'immensité des ressources renfermées par la matière. L'infiniment petit se révélait un abîme à part entière. L'atome cristallisait désormais les espoirs les plus fous, suscitait les pires craintes, avec l'intérêt des militaires. Dans une plaquette publiée par l'Imprimerie royale de Suède, Jef prit connaissance, à ce sujet, de l'intégralité du discours prononcé par Frédéric Joliot-Curie, le 12 décembre 1935, à l'occasion de la remise du prix Nobel de chimie. Le lauréat y revenait sur la découverte de la radioactivité artificielle et sur ses applications immédiates, et bénéfiques, en biologie, en physicochimie et dans le domaine médical. Mais, au chapitre de l'atome, de sa manipulation envisagée comme une source inépuisable d'énergie, à l'évocation de ces « transmutations à caractère explosif, véritables réactions chimiques » en chaîne que les savants, « en brisant les éléments à volonté », seraient bientôt capables de provoquer, puis de propager dans la matière, le discours du conférencier adoptait les accents d'une menace que le plus violent désir d'apocalypse, jusqu'à ce jour, n'avait pas su prophétiser. Seul dans la mer des Sargasses, Jef Goldman commençait à frétiller.

Le 2 avril 1938, en début d'après-midi, le philosophe obtint la copie tant désirée : *La Valeur des lois statistiques en physique et dans les sciences sociales*. Dans un café au coin des Ursulines et de la rue Gay-Lussac, il lut la traduction une première fois en vitesse, puis une seconde, plus calmement. Il ravala sa déception. Une succession de lieux communs. Seule l'analogie finale tranchait par l'originalité du propos et l'écho que Jef y démêlait de ses lectures récentes, notamment l'image de la réaction en chaîne. Il reprit encore et encore le passage en question : « la désintégration accidentelle d'un seul atome radioactif peut obliger un compteur automatique à l'enregistrer avec un effet mécanique. Il suffit donc d'artifices de laboratoire courants pour préparer une chaîne, en tout cas complexe et spectaculaire, de phénomènes, "commandée" par la désintégration accidentelle d'un seul atome radioactif. Il n'y a rien, d'un point de vue strictement scientifique, qui empêche de considérer comme plausible qu'à l'origine d'événements humains, il peut se trouver un fait vital, également simple et imprévisible. S'il en est ainsi, comme nous le croyons, les lois statistiques des sciences sociales voient leur rôle accru ».

À 18 heures, Jef se rendit à La Muette, dans le XVIe arrondissement. Des Essarts fêtait sa nomination. L'endroit grouillait de comtesses et de nœuds papillon. Jef décida de traverser le salon de part en part et ne se retint pas de jouer des coudes pour se faufiler jusqu'au bar. Autour du maître et de la maîtresse de maison, la foule des courtisans verrouillait déjà fiévreusement les accès. Il retira ses lunettes, les glissa dans la poche intérieure de sa veste, puis commanda un double punch bien tassé au serveur. De Louis-le-Grand et la rue d'Ulm, se pressait autour de lui la cohue des anciens condisciples. Il ne tenait pas à les voir, n'avait rien à leur dire. Bien sûr, le normalien agrégé avait réussi leurs concours, fréquenté leurs écoles, mais le fils d'immigré qu'il restait à leurs yeux savait qu'il ne venait pas du sérail et ne serait jamais de ce monde. Son goût de l'indépendance se flattait du reste de ne pas partager leurs appétits pour les illusions dominantes. Nombre de ces gens s'imaginaient de nobles consciences européennes parce qu'ils prenaient leurs vacances d'hiver à Saint-Moritz ou traversaient les frontières à titre professionnel quelques fois dans l'année. Pour autant, même ceux qui émargeaient au Quai d'Orsay répugnaient à séjourner à l'étranger de manière prolongée. La plupart habitaient à moins de cinq kilomètres de l'endroit où ils étaient nés et où certainement ils finiraient, après leurs parents. Ces grands serviteurs de l'État se comportaient avec l'arrogance des plus éminents produits de la civilisation, ils se pavanaient dans le luxe incomparable de la capitale du monde, mais leur Paris, réduit à l'échelle des réseaux, avait des allures de village. Avec ses hiérarchies et ses collusions secrètes, ses mœurs dont ils gardaient les clefs au chaud. Ils avaient beau prendre le monde de haut, Jef les observait comme des ectoplasmes plus souvent qu'il ne se percevait en bâtard.

Emmanuel Des Essarts commença à s'inquiéter du comportement de son hôte vers 20 heures. Jef, il est vrai, ne lâchait plus son verre et ignorait superbement tous les saluts.

« Tu n'es pas seulement venu pour te torcher la hure, hein, avoue donc, vieux sanglier ? J'ai des renseignements sur ton affaire. »

Le diplomate lui infligea un préambule interminable, destiné à faire valoir les difficultés rencontrées et l'esprit de finesse qu'il avait dû mobiliser pour convaincre l'ambassadeur de France au Vatican d'ouvrir une enquête.

« Tu l'emporterais même au paradis…, s'impatienta Jef.

– Majorana est porté disparu depuis le 26 mars dernier, tu le savais ? Bon. Officiellement, il est question d'un suicide. Les *carabinieri* sont en possession de deux lettres de sa main, qui signent son geste. Le problème, c'est que sa trace se perd en mer, entre Naples et Palerme : la police ne retrouve pas le corps. Mon informateur fait état de rumeurs d'enlèvement sur fond de complot international. Quant à la famille du physicien, elle penche pour la thèse d'une disparition volontaire et s'apprête à lancer dans la presse un avis de recherche. Des extravagances dans les deux cas, si tu veux mon avis. L'homme ne fréquentait plus aucun labo depuis cinq ans, on ne sait même pas s'il continuait à travailler sur des sujets sensibles. Tu lui voulais quoi, au juste, à ton Rital ? »

Le second gouvernement de Léon Blum tomba huit jours plus tard. Il avait tenu un mois. Emmanuel Des Essarts ne resterait probablement pas longtemps sur la touche, mais pour une durée indéterminée, Jef Goldman devait renoncer à en apprendre davantage sur la disparition de Majorana par la voie diplomatique. Il repensait sans cesse à la conclusion du texte du physicien, à cette analogie finale qu'il retournait depuis une semaine. Il en mesurait la force de contamination, comme une rumeur, l'éprouvait de manière physique. La désintégration d'un atome, d'un côté, de l'autre, un fait individuel, simple, vital, imprévisible, avec des répercussions planétaires : Jef songeait à César franchissant le Rubicon, par exemple, ou, plus récemment, à l'assassinat de l'archiduc d'Autriche. Dans l'esprit d'Ettore Majorana, des deux termes de l'analogie, lequel était-il censé éclairer l'autre ? La libération d'énergie, leur produit commun.

Jef Goldman n'avait jamais douté que la guerre reviendrait. En 1933, au moment de l'accession des nazis au pouvoir, quand ses petits camarades affichaient un pacifisme à tout crin, quand la grande majorité cherchait à se faire exempter au nom du socialisme, il s'était porté volontaire pour une préparation militaire, en plus du service obligatoire. Il n'avait jamais douté que la guerre approchait, mais il en devinait à présent un des enjeux secrets : le temps était venu pour lui de se perfectionner.

Première partie

LES BONS ÉLÈVES

1

La prière du pêcheur provençal

Lucien commençait à perdre patience. Il poireautait depuis dix minutes et, devant lui, en tête de file, cette vieille bique de madame Pozzi se croyait toute seule. Il l'aurait étranglée sans douceur. Elle n'en finissait pas de soupeser les choux-fleurs, puis de se raviser, de poser mille questions tordues au vendeur, pour le seul vice de l'entendre répéter. L'horloge du marché indiquait 9 h 15 : Lucien songea que son patron se montrerait contrarié par un nouveau retard. La veille, aux *Corps intermédiaires*, quand les deux hommes avaient dressé le bilan des préparatifs, il ne manquait pourtant rien sur la liste. Dans une ambiance de fébrilité digne des congés payés, Lucien s'était appliqué à vérifier les points de contrôle les uns après les autres : les bagages, les casse-croûte dans la glacière, calés à côté des boissons, les gants, les cartes routières, les lunettes de soleil et même la bonbonne d'eau distillée, au cas où le radiateur de l'automobile se mettrait à chauffer. Cependant, ni lui ni Édouard Mesens n'avaient songé à ce qu'il adviendrait de Zonzon durant leur absence. Zonzon : un être docile et maniable en apparence, un tout petit lapin blanc venu de Pologne ; en réalité une tyrannie sédentaire, et même casanière à l'usage, entièrement soumise à une horloge biologique et à un transit délicats. Le moindre transport automobile, le plus infime écart de régime risquaient d'entraîner un désordre fatal à l'animal. Lucien l'avait reçu des mains de sa mère, six mois plus tôt, comme un cadeau d'adieu, le patron convenait qu'on ne pouvait guère, non plus, le jeter à la rue. Aux abords du Sénat, cependant, des rares commerçants qui avaient déjà levé rideau, aucun n'avait voulu entendre parler du nain fardeau, pas même le bistrot. En temps normal, les deux hommes auraient pu compter sur Odette, mais l'épouse du libraire venait de rejoindre sa sœur à Saint-Brévin-l'Océan par le chemin de fer. Heureusement, vers 9 heures, ils avaient fini par alpaguer Pitroque, un confrère qui descendait du Sénat pour rejoindre son bouclard, plus bas dans la rue de Seine.

« Une botte de blettes, un 10 juillet, vous m'avez bien regardé ? Finies les blettes, maintenant je vends des é-pinards ! Et ne mentez pas que vous avez oublié, y a pas six mois vous étiez encore du métier ! » s'emporta soudain le vendeur.

Au marché Seine-Buci, dans la queue qui s'étoffait derrière lui, Lucien n'était plus le seul à trépigner et à manifester sa nervosité. La file balançait, se déhanchait sur ses appuis et tapait du pied avec rage. Une rumeur de réprobation s'élevait de la cohorte des ménagères et les remarques désobligeantes se mettaient à fuser de toutes parts.

« Quand on pense au pognon que vous nous avez pompé derrière l'banc, m'ame Pozzi, tout de même, vous pourriez vous payer un sonotone ! proclama une rombière, bien à l'abri du rang.

– Un sonotone et une paire de lunettes ! renchérit le commerçant, comme la chipie s'ingéniait à contester sa monnaie.

– C'est que j'ai toujours l'espoir de mourir », chevrota la petite vieille dans un rictus odieux.

La météorologie ne se résume pas à des questions de thermodynamique, de mécanique des fluides, les sorcières comme madame Pozzi le savent bien et se transmettent le secret de mère en fille : le temps qu'il fait, ce sont les regards que les humains échangent autour de la planète, à moins de deux mètres du sol.

À 10 h 15 ce jour-là, lorsque la traction avant Citroën 7C, modèle coupé, quatre glaces, franchit la porte de Gentilly, il n'y avait plus l'ombre d'un nuage sous le toit noir flambant neuf. Lucien arborait un sourire radieux. Il s'émerveillait de tout : du bois d'acajou, des chromes, du grain des cuirs. C'était la première fois qu'il partait en automobile à la découverte des routes du pays. Il n'avait jamais mis les pieds en province. À l'approche de son seizième anniversaire, il appréciait l'excursion comme une marque de confiance, un cadeau choisi. Du vaste univers, le jeune homme n'avait parcouru jusqu'ici que le centre de Paris, la rue de Buci, le quartier Saint-Germain, la place du Panthéon et, lorsque sa mère et lui allaient sacrifier à leurs obligations familiales, le dimanche, les puces de Saint-Ouen, les abords de l'usine Ricqlès, quelques fragments de la zone, au-delà du marché Biron. Il ne connaissait guère mieux le monde des livres, au demeurant. Dans la boutique du grand-père, il avait cru se familiariser avec le comportement des chineurs : courtiers, marchands, collectionneurs. Au fil des années, Lucien s'était appliqué à observer les rituels étranges de ceux qu'aimante, de manière exclusive, la chose écrite. Lents et laborieux à l'achat, les bibliophiles lui avaient toujours semblé amoindris par toutes sortes de lubies et de considérations délirantes. Ils formaient une race à part, proprement extravagante, reconnaissable entre toutes à ces effluves de moisissure qui s'attachaient à leur sillage. À l'opposé de tous ces pécores, Mesens ne portait que des parfums de marque. En toutes circonstances, il gardait les ongles propres. À rebours des usages en vigueur lors des déballages, il ne se penchait que pour des motifs sérieux. Il savait surtout se montrer extraordinairement généreux. Seul de ce cas parmi ses nombreux pairs, Édouard Mesens s'efforçait de traiter son disciple avec égards, en futur confrère, et non comme un éternel employé que l'on se croit permis de sadiser. Lucien avait pu le constater : son patron ne tranchait pas seulement sur les pousse-mégots, les dompteurs de puces, mais également sur les libraires installés de la capitale. Plus jeune, mieux habillé, tout aussi conscient de ses moyens, Édouard Mesens savait se montrer mobile et passait aisément, dans le milieu du livre ancien, pour un artiste inimitable. Lucien le comparait à son coupé : vitesse, solidité, fluidité, reprise et, au-delà des qualités purement mécaniques, une certaine grâce dans l'allure et le goût, la précision du souvenir. L'adolescent admirait sincèrement cet homme capable d'enregistrer une multitude de sollicitations et d'y répondre le temps d'une seule journée : son esprit rompu à verser d'une conversation dans l'autre avec aisance, à conserver en tête une foule d'éléments pointus, à les convoquer sans effort, le moment venu.

Ressortissant belge, né de mère anglaise, Édouard Mesens comptait parmi ses ancêtres de nombreux écrivains, des professeurs d'humanités. Débarqué à Paris en 1922, à l'âge de vingt ans à peine, il avait d'abord profité quelque temps de la vie de bohème : les mœurs de Montparnasse, la nuit pour le jour et tous les rituels de la jeunesse éternelle. Puis, à court d'argent, il s'était fait embaucher commis chez d'Arthez, le meilleur spécialiste, à l'époque, des brochures d'érudition ; avant de fonder, en danseuse, sa maison d'édition. Pendant quatre ans, Édouard Mesens s'était consacré à la gloire des peintres et des poètes qu'il côtoyait, quelques années auparavant, lors des soirées grandioses données à la Grande Chaumière. En 1928, il avait ouvert sa propre librairie. Il avouait que ses premiers clients, ses premières bibliothèques lui étaient venus par l'entregent de ses parents les plus proches : un grand-père éminent philologue, un père et une mère qui rencontraient tous les deux un large succès dans leur carrière d'acteurs, Édouard Mesens avait su tirer parti de la réputation familiale auprès des populations cultivées. Il se savait privilégié, bien né pour un tel métier. Tout jeune, sa mère le traînait déjà partout, au théâtre, aux ballets, aux visites d'atelier, le présentait aux célébrités. Il précisa même, dans un rire, qu'il appartenait à la société très sélecte des filleuls de Sarah Bernhardt :

« Rassure-toi, Lucien, dans notre partie la naissance ne prémunit de rien : ni de la fortune, ni de la ruine. C'est un jeu où le hasard opère comme un principe d'égalité prépondérant, une table ouverte à tous les vents, qui accueille des individus venus d'horizons très différents. Face au livre, seule compte la valeur de l'homme, et non son extraction sociale. Les connaissances permettent de faire la différence, bien sûr, mais moins que le flair et les nerfs qui sont des qualités animales. »

Avec Lucien, Édouard Mesens ratait rarement une occasion d'éprouver les standards de sa pédagogie : de lui parler métier, bons plans, ficelles, de lui expliquer la vie. Il n'hésitait jamais à enfoncer le clou jusqu'au bout. À l'appui de ses propos, il développa longuement les effets de la crise qui s'était abattue sur le secteur en mai 1931, juste après la seconde session de la vente Rahir. Du jour au lendemain, les livres ne valaient plus rien. Un exemplaire honnête des *Contes* de La Fontaine, par exemple, ne trouvait plus preneur à trois mille francs, quand, deux mois auparavant, il demeurait possible d'en tirer vingt-cinq mille en quelques heures. Des pièces hier encore très convoitées ne s'échangeaient plus qu'entre libraires – par compulsion – et les confrères succombaient de leur toxique les uns après les autres. Pendant deux ans, Édouard Mesens avait continué à vivoter sur son stock en complétant ses maigres revenus par des travaux de traduction avant de toucher le fond.

Il venait de revendre sa documentation quand, un matin de mai 1934, il fut averti par Pitroque et un libraire de la rive droite d'une vente de mobilier qui se tenait le lendemain à l'hôtel Drouot. Les meubles provenaient du château des Loménie de Brienne. De tous les descendants de la célèbre lignée, aucun ne s'était soucié de régler les factures du garde-meuble dans lequel le contenu du château familial demeurait entreposé depuis des dizaines d'années. Le caractère judiciaire de la vente sur gages réunissait les conditions pour un chopin historique : peu de publicité, pas de catalogue ni d'expert digne de ce nom, aucune description savante des lots. Les trois libraires s'étaient donné rendez-vous l'après-midi même sur place à Drouot. Déposées en vrac dans un coin de la salle, réunies sous un même numéro de passage, des centaines de boîtes de rangement de facture ancienne attendaient de dévoiler leur contenu aux curieux. Toutes mesuraient une trentaine de centimètres de hauteur, et les dos, larges et arrondis, étaient parés de nerfs et gainés de veau raciné, afin de leur donner l'apparence d'ouvrages uniformément reliés. Sur chacun des dos, une pièce de titre en maroquin rouge portait un millésime. Les dates couraient du milieu du XIIIe siècle à la fin du XVIIIe. Les boîtes consacrées à la période médiévale, assez peu nombreuses, ne renfermaient plus rien, hélas ; mais toutes les autres, en revanche, regorgeaient de fascicules, de libelles, de pamphlets, d'opuscules, pas moins de trente à quarante mille brochures et plaquettes. Quelques sondes discrètes avaient suffi aux trois hommes pour identifier, chacun dans son domaine, des raretés incroyables, inconnues des bibliographies et des collections publiques qu'ils fréquentaient avec assiduité. Les compères se trouvaient manifestement en présence d'une sorte de dépôt légal privé, constitué au fil des siècles par les hommes d'État qu'une famille influente de l'Aube avait donnés à la France, de Louis XIII jusqu'à la Révolution. Un monceau de papier qui, au cours des années, s'était transformé en or. Aucun des trois amis n'avait le premier flèche : à l'unanimité, ils s'étaient décidés à tout acheter.

Le lendemain, la meute des libraires présents à l'hôtel

des ventes avait snobé le mobilier des Loménie de Brienne, au profit d'une collection d'almanachs XVIIIe en couleur, dont la dispersion se déroulait à la même heure à Drouot. Seul Alberto Savinio, un bouquiniste de l'avenue du Maine, semblait disposé à porter le fer ; on le disait teigneux sitôt qu'il s'agissait de plaquettes. Le lot de boîtes avait débuté à cinq cents francs. Savinio s'était accroché sans rien lâcher, de cent en cent ; à dix mille, il maîtrisait l'enchère. Le trio s'était senti vaciller, quand Mesens, contre l'avis de ses acolytes, avait hurlé : « Dix mille cent ! » Savinio avait alors effectué un demi-tour pivotant, avant de lancer dans sa direction, avec des gestes de grand seigneur : « *Lei li lascio !* Messieurs, je vous les laisse ! »

Les vainqueurs s'étaient fait livrer les boîtes en urgence, par tapissière, un samedi, dans les locaux déserts de la rue de Tournon, où ils avaient pu étaler et trier le matériel à leur aise. Le chèque était en bois. Ils disposaient d'un maximum de soixante-douze heures avant l'ouverture des banques pour convertir une partie du trésor en numéraires et approvisionner le compte.

« La pêche miraculeuse ! Je te souhaite de vivre souvent des instants comme ceux-là, car ils procurent des émotions auxquelles on ne s'habitue pas. Nous avons couvert tous nos frais en vendant une douzaine de plaquettes, à peine, à un seul client qui, naturellement, s'est permis d'abuser sans vergogne de la situation. Enfin, Lucien, tu connais la prière du pêcheur provençal ?

– Enfin, patron, vous savez bien que mon père bouffait du curé !

– Écoute quand même, ça pourrait te plaire : “Seigneur, donne-nous assez de poisson pour en manger, pour en vendre, pour en donner et pour nous en laisser voler.” C’est un bon résumé de la philosophie spontanée du libraire. Enfin, bref, nous nous sommes partagé le reste, selon nos champs de spécialité, chacun a reçu environ quinze mille plaquettes. Quand je te dis que tu as en main un beau métier : nous étions tous les trois sur le point de claquer, à bout d’oxygène et, en une après-midi à Drouot, nous avons retrouvé le grand air et une santé de fer. »

Le voyage se poursuivit comme un jour de classe. Au kilomètre 287 de la nationale 6, ils firent halte pour la nuit *Chez Camille*, à Arnay-le-Duc, puis reprirent la route aux premières lueurs. Car le plus long du trajet restait à couvrir. Dans la voiture, alangui par la chaleur de la route et le ronron du moteur, Lucien ne prêtait plus qu’une oreille distraite au soliloque du patron. Il songeait aux prolétaires méridionaux, à leurs revendications. Par principe, il se déclarait hostile à la prière comme à toutes les fadaises et les visions contraignantes héritées des bourreaux de nos pères. Il se vantait d’avoir lu Marx, crayon en main. Le *Manifeste du parti communiste* traînait en évidence sur sa table de nuit, juste à côté de Rimbaud et de la bougie. Tout en déplorant les effets ravageurs de l’opium du peuple, Lucien ne pouvait s'empêcher d'éprouver par lui-même la féerie d'une telle abondance, ni les séductions d'un pareil catéchisme. De manière confuse, les incantations du pêcheur provençal lui semblaient réussir là où sa propre orthodoxie avait jusqu'alors échoué : la délicate synthèse des vagissements de l'avenir et des échos du passé.

L'arrivée à Évian-les-Bains était prévue pour le début de soirée. Sur place, Lucien et son patron devaient prendre langue avec un certain Achille, un ancien taxi parisien qui, depuis dix ans, promenait dans sa voiture toutes les fortunes et la noblesse de la région. Dans une douzaine de villes de France, Édouard Mesens entretenait un bataillon de chauffeurs qui lui servaient d'indicateurs, de rabatteurs lors des successions. De ses précédentes visites à Évian, le libraire avait dressé à l'intention de Lucien le portrait d'une bourgade quelque peu ensommeillée, parfois torpide en été, en tout cas très tranquille. Trop, en vérité, car le lac Léman offre à cet endroit une image si précise du ciel qu'on croirait débarquer au rivage des morts. Mais ce 11 juillet 1938, une cohue indescriptible régnait au cœur de la station savoyarde. Devant la gare où se situait le point de rendez-vous, Achille affrontait l'ouragan avec flegme dans un costume de majordome anglais. Autour de lui, des dizaines de quidams agitaient leurs chapeaux au milieu d'un vacarme épouvantable. Tous paraissaient vêtus avec l'élégance des voyageurs de première classe, mais aucun ne portait le moindre bagage. Hommes et femmes se hélaient de loin avec des accents stridents, puis se ruaient les uns sur les autres et s'agglutinaient afin de fulminer en comité restreint. On se serait cru à l'entracte d'un spectacle mondain, au milieu des critiques taraudés par la faim. Depuis six jours déjà, la ville accueillait une conférence sur la question des réfugiés, dans les vastes salons de l'Hôtel Royal. Trente-deux nations avaient répondu à l'appel du président Roosevelt et du gouvernement français. Achille leur apprit que tous ces voyageurs furieux n'appartenaient pas aux délégations officielles, mais représentaient la quarantaine d'organisations non gouvernementales qui s'étaient invitées en masse aux séances de discussion. Après plusieurs jours d'atermoiements, les organisateurs avaient finalement décidé de leur barrer la tribune. Elles levaient le camp comme un seul homme, par le train de 19 h 58 en direction de Genève, pour porter protestation au siège de la Société des Nations. L'après-midi même, de violentes échauffourées s'étaient produites avec la police, du jamais vu dans les parages.

« Dès le premier jour, après le discours de l'Américain, puis celui du Français, pour tout le monde, l'affaire était pliée, expliqua Achille. Le représentant australien a pu déclarer, sans rire, que son pays ne connaissait pas de problèmes raciaux et ne souhaitait pas en importer. Personne ne veut des réfugiés, ça fait pas un kopeck ces histoires de juifs errants. Les gens préfèrent rêver, qu'on leur parle d'autre chose. Même les journalistes ont fini par riper, les Parisiens comme les correspondants étrangers. Total : on ne cause plus de leur “conférence internationale” que dans la presse locale, vous parlez d'une réclame pour la cité. Enfin, encore huit jours et le Tour de France fait étape à Évian, ça, au moins, c'est du solide. En attendant, les hôtels sont à peu près vides, vous avez l'embarras du choix. »

Le lendemain matin, les trois hommes prirent en convoi la direction du château de Menthon-Saint-Lazare, non loin des rives du lac, sur la route de Thonon. Lucien pensait admirer là-bas des fastes dignes de la cour des rois, des jardins à la française, des serviteurs en costume d'apparat. Sur le pas de la porte, au milieu d'une végétation qui rappelait les décors luxuriants des films de Tarzan, deux femmes et un homme, trois silhouettes filiformes, très dignes, guettaient leur arrivée. Le jeune apprenti remarqua aussitôt leur air de famille et leurs pantoufles identiquement mitées. Achille s'acquitta des présentations, puis s'éclipsa très vite, afin de laisser les experts passer à l'action. Les deux libraires furent conduits à travers une succession de couloirs aux murs lézardés dans une aile du château qui leur parut mieux conservée que les autres. Sur place courait une immense galerie bordée de hautes bibliothèques, protégées par des vitrines, entièrement garnies d'ouvrages joliment reliés. Le tout en excellent état, en apparence du moins, car on n'y voyait goutte. Dans la partie supérieure de la galerie, les branches des arbres au-dehors avaient fini par obturer la totalité des fenestrons.

« L'électricité nous est coupée, et nous n'attendons personne aujourd'hui pour la remettre. Il y a là quelques paquets de bougies, des chandeliers. »

Pendant que le comte présentait la bibliothèque de son aïeul et précisait tout un ensemble de détails et d'anecdotes sans intérêt, Édouard Mesens opinait poliment du chef et, l'air de rien, commençait à ausculter les rayons. Il laissait courir un œil nonchalant sur les rangées de titres, puis, de temps à autre, sortait un livre qu'il faisait mine de feuilleter, comme s'il voulait localiser un passage dont la lecture l'avait autrefois frappé. Il ne poussait en réalité jamais au-delà des premières pages et refermait l'ouvrage avec d'autant plus de vivacité qu'il apercevait une dédicace au faux-titre, une lettre montée sur onglet, un frontispice en sanguine. Lucien tâchait en tout point de l'imiter. Tant que les châtelains traînaient dans leurs pattes, il s'appliquait surtout à ne rien laisser transparaître des émotions que lui causaient ses découvertes. Surexcité par l'instinct du chasseur, cependant, il se sentait grisé et ne savait plus où donner de la tête.

« Patron ! Patron ! Vigny ! Chatterton ! Le manuscrit de Chatterton ! s'exclama le jeune homme, avec ferveur.

– Voilà bien notre cher Lucien ! Comme tu vas vite en besogne ! Ne s'agirait-il pas plus banalement d'une copie pour la scène, de la main d'un secrétaire ? » Édouard Mesens saisit l'objet, l'examina en vitesse avant de trancher : « L'ignorance a toujours tort de publier ses décrets. »

Puis, d'un geste théâtral, imitant la prise du corbeau sur le fromage, le libraire coinça le volume de sa main droite, avec le pouce en tenaille. Il tendit alors le bras devant lui et, d'un geste dédaigneux, d'une hauteur de cinquante centimètres environ, laissa choir le maroquin rouge à plat sur la table de consultation. Sous le choc, le mors supérieur de la reliure brisa net. Les châtelains se dévisagèrent, interloqués. De toute évidence, il était temps pour eux de se retirer.

Lucien et son patron employèrent le reste de la matinée et une grande partie de l'après-midi à examiner les livres page après page, à s'enquérir des folios, des gravures, des planches coloriées, à élaborer des piles, à distinguer des tas. Une collation minutieuse des ouvrages s'imposait, tout spécialement dans ces provinces reculées où, par le passé, les éditeurs peu scrupuleux n'hésitaient pas à écouler leurs incomplets. Édouard Mesens dressait des listes, notait des chiffres dans un carnet. Vers 16 h 30, l'évaluation touchait à sa fin. Bien que les trois héritiers pussent prétendre à parts égales, ils avaient tenu à s'entendre dévoiler leur chiffre à tour de rôle.

L'affaire conclue, Lucien courut récupérer deux toiles dans la traction. Achille se chargerait de conditionner le reliquat, il s'était toujours montré méticuleux, mais, de ses achats, le patron tenait à véhiculer lui-même le plus précieux. Lucien disposa au sol les deux larges carrés de lin impeccablement déployés et observa le maître à la manœuvre. Mesens forma quatre piles homogènes au centre de la première toile, en veillant à ne laisser aucun espace entre les piles, puis releva les pans de tissu sur le bloc ainsi compacté. Lucien comprenait bien l'avantage du système sur la boîte en carton, ou la caisse à bouteilles, car il supprimait les risques de choc entre les ouvrages qu'on rencontre au cours du transport. La technique du nœud continuait néanmoins à lui échapper. Il essaya de décomposer les étapes en ouvrant grand les yeux, mais la fin du geste le cueillit comme un tour de passe-passe : il resta mystifié. En ajointant les piles pour la seconde fois, Édouard Mesens eut un mouvement maladroit. Une demi-douzaine de bouquins valsèrent dans le décor. Lucien se précipita pour ramasser et constater les dégâts. Un des volumes semblait avoir dégusté plus que les autres : il lui manquait le dos, le dos complet. Il dénicha le fragment de reliure sous la table et le tendit au patron. Sur la bande de maroquin rouge, en lettres d'or, les deux hommes purent déchiffrer ensemble le nom de *Chatterton*.

Plus tard dans la soirée, ils se rendirent à l'Hôtel Royal, au restaurant Édouard-VII, le plus huppé de la ville. Il fallait bien que Lucien apprît à se tenir à table, qu'il s'initiât un peu aux usages, aux ambiances à la mode, à l'architecture Art déco qui justifiait la réputation de l'endroit. Édouard Mesens déplorait l'absence de son cher Achille, fin buveur, retenu en famille, mais semblait néanmoins en joie, ravi de ses achats. Il fumait et glougloutait beaucoup, et reprenait comme une antienne : « La difficulté du pêcheur, c'est qu'il doit contribuer activement au miracle ; ton Marx appellerait ça la lutte des classes. »

À la fin du dîner, vers 23 heures, il convainquit Lucien de l'accompagner au casino, à quelques centaines de mètres de l'Hôtel Royal. Arrivé aux portes de l'établissement, le jeune homme, sans surprise, se fit refouler sèchement. Lucien déclara qu'il ne voyait aucun inconvénient à rejoindre l'hôtel tout seul, qu'il se sentait vanné, Édouard Mesens préféra s'obstiner. Mais le libraire eut beau insister, arguer auprès de la direction de sa responsabilité, de la majorité économique, sinon légale, de son protégé, parler de solvabilité, de garanties, la discussion tourna peu à peu au vinaigre. Il fut question de convoquer la maréchaussée. Édouard Mesens releva le défi sans hésiter. À l'annonce de cette nouvelle, Lucien se cassa en deux, les mains sur la poitrine, à la manière d'un homme qu'on vient de frapper au sternum. Il se mit à haleter, le souffle rauque, à agiter des bras semblables aux ailes d'un moulin, avant de se laisser tomber au sol, pour se tortiller comme un ver. Autour de lui, les hommes demeuraient stupéfaits, incapables de lui porter secours. Alors que Mesens s'approchait pour le relever, Lucien se redressa d'un coup ; il se figea un instant dans la position du fondeur à l'affût du signal, sens en alerte, oreilles dressées, puis s'enfuit comme un trait dans la nuit de juillet.

Lucien avait repris d'instinct la direction de l'Hôtel Royal. Côté lac, l'imposant bâtiment reposait désormais dans une obscurité à peu près totale. Le jeune homme contourna rapidement l'édifice avant de s'immobiliser à couvert, le temps de s'assurer que personne ne le talonnait. Il ne manquerait plus que le patron se mît en devoir de le traquer. La mécanique la plus élaborée présente souvent des points de fragilité : un coup dans l'aile et Mesens ne tenait plus la route ni ne savait s'arrêter. Après quelques tentatives infructueuses, Lucien parvint à se hisser sur la luxueuse terrasse qui domine le Léman. Il s'accroupit derrière une colonne de pierre et s'efforça de calmer son souffle. La marée de l'angoisse refluait peu à peu. Il lui semblait renouer avec le monde extérieur. La nuit n'était pas si sombre, il pouvait observer le reflet de la lune sur les baies vitrées du salon.

Non loin, l'adolescent aperçut deux tables de service. Nappes en désordre, bouteilles de champagne et verres renversés, quelques chaises oubliées, couchées au beau milieu de la terrasse, les domestiques n'avaient pas fini d'essuyer les stigmates des festivités officielles. Le sol était couvert de mégots, de coques de pistaches, jonché de feuilles de papier de couleur, comme des confettis géants : la littérature que les activistes avaient tenté d'imposer, à l'apéritif, aux membres des délégations gouvernementales. Le texte intitulé « La conférence de la honte » portait la signature d'une femme. Il courait recto verso, Lucien se contenta de décrypter le finale sous le croissant de lune : « Être assise là, dans cet endroit magnifique, à écouter les émissaires de trente-deux nations expliquer, chacun leur tour, à quel point ils aimeraient être en mesure d'accueillir des réfugiés et combien ils sont malheureux de ne pas pouvoir le faire, représente une expérience effroyable. Mais les entendre aujourd'hui débattre de l'opportunité de faire état des persécutions nazies dans leur résolution finale constitue une épreuve qui porte au-delà de l'effroi. Il faudrait inventer un terme pour rendre compte de la manière dont ces messieurs ont redéfini le crime de lâcheté. Ceux qui n'auront pas vécu ça auront du mal à comprendre ce que je ressens ici à Évian : un mélange de douleur, de rage, d'horreur et de frustration. »

Lucien ramassa quelques feuillets supplémentaires et les pétrit un long moment pour modeler une boule qu'il glissa dans sa poche. Il se sentait un peu plus léger, mais froissé, comme le papier, l'esprit plombé par les idées noires. Il inspecta les abords de l'hôtel, penché au-dessus de la rambarde à la recherche d'un point de chute, puis se laissa tomber de la terrasse sans un bruit, en amortissant comme un chat le contact avec le sol. Parvenu au boulevard, il sortit la boule de sa poche, la jeta par terre et regagna tranquillement son hôtel en shootant devant lui.

2
Frères humains

« Frères humains qui après nous vivez
N'ayez les cœurs contre nous endurcis
Car si pitié de nous pauvres avez,
Dieu en aura plus tôt de vous merci. »

« Vivez », au présent d'épitaphe, et non pas « vivrez » : une manière de déplacer le point de vue, de prendre acte de sa propre mort. Un mot, un vertige : une vue supérieure des passions. Le génie de François Villon. Lucien tenait entre ses mains un joyau de la bibliophilie française, une matière irradiante, un petit volume conservé dans une pleine reliure du temps, fort modeste, mais dont le dos et les plats de parchemin, tel un ivoire ancien, s'étaient couverts d'une fine croûte orange aux reflets sublimes. Il songeait à ces générations de collectionneurs qui s'étaient saignés pour la folie de coller leur ex-libris à l'intérieur de la relique. Comme au fronton de certains édifices, leurs noms formaient la liste des administrateurs successifs. Qu'est-ce qui avait pu les pousser à de tels sacrifices, pour un bail de location ? Dans la salle de documentation des *Corps intermédiaires*, Lucien s'empara du boîtier en contreplaqué qui contenait les fiches de bristol. Il les fit défiler d'un doigt rapide et en sortit celle que son patron avait commencé à rédiger au sujet du trésor :

> « François Villon. *Les Œuvres de maistre Françoys Villon. Le monologue du franc archier de Baignollet, le dyalogue des seigneurs de Mallepaye et Baillevent.*
> Paris, Antoine Bonnemère, 1532. In-octavo de [136] feuillets. Reliure française du XVIIe, parchemin ivoire avec au dos la mention à l'encre "*Villon*", suivie de six fermesses disposées en grappe, tranches jaspées. »

D'ordinaire, l'amateur devait se contenter de ce type de squelette bibliographique, même pour un prix démentiel. Des libraires assez riches pour assumer les frais d'un catalogue, il est vrai, la plupart s'interdisaient tout commentaire. Il s'agissait officiellement de minimiser le temps de rédaction, les coûts d'impression et de transport, mais aussi, *mezzo voce*, de verrouiller l'information, de protéger au mieux les intérêts vitaux de la corporation. En vérité, pour en dévoiler plus, il aurait fallu oublier la cire, ouvrir les livres, les lire et, pire, les digérer, une perspective qui, aux yeux des libraires, depuis la bible de Gutenberg, revenait à gâcher le métier.

Édouard Mesens avait parfaitement analysé son avantage. À la fiche, de son côté, il avait donc ajouté :

> « Les éditions anciennes de Villon se partagent en deux groupes séparés par l'année 1533 ; celles qui sont antérieures à cette date présentent le texte dans un état de langue qui est celui de François Villon lui-même, tandis que les suivantes adoptent la version révisée par Clément Marot. Aussi l'édition parue en 1532 à l'adresse d'Antoine Bonnemère occupe-t-elle une position de choix dans la tradition : bien qu'assez corrompue d'un point de vue philologique, elle est l'ultime témoin connu de la langue authentique de Villon, avant que Marot ne la dénature. C'est aussi l'une des deux premières éditions à être publiée en lettres rondes, et non plus en gothique. Les six "S" fermés, calligraphiés en grappe au dos du vélin, renvoient à une devise secrète qu'il ne nous a pas été possible de décrypter. »

Bien entendu, les marchands qui taxaient Édouard Mesens de pédantisme, ceux-là mêmes s'emparaient de ses notices à l'appui de leurs intérêts sitôt qu'elles étaient publiées. Gâcher le métier, mâcher le métier, Lucien n'y voyait au fond que la foi qu'on s'en fait. Il se déclarait fier, quant à lui, d'apporter sa contribution au grand projet en cours : un catalogue consacré à la poésie universelle, d'Héraclite à Rimbaud en passant par

Omar Khayyam et John Donne. Lucien était chargé de reprendre les livres les uns après les autres, de vérifier l'exactitude de la collation sur le bristol, mais surtout d'extraire du corps de l'ouvrage quelques vers qui fussent au lecteur un concentré de poésie essentielle tout autant que la garantie d'un achat incontestable. Une mission de confiance qui venait sanctionner les rudiments d'anglais et de latin d'un excellent élève, mais aussi, de manière flatteuse, sa sensibilité précoce à la beauté des textes et à l'aura des choses. Lucien aurait pu pousser jusqu'au bachot sans peine, à l'université, peut-être, si la mort du grand-père n'était venue tout compromettre. Ce dernier n'avait laissé à son petit-fils et à sa belle-fille qu'un héritage de casseroles, à ce qu'avait cru deviner le jeune homme. Les ménages de sa mère, Léa, couvraient à peine le loyer de leur deux-pièces dans le VIe. Elle parlait de retourner au pays, de s'installer dans la vallée de Thônes, quand Monny de Boully, un ami du grand-père qu'ils connaissaient à peine, antiquaire à Saint-Ouen, s'était pointé chez eux rue de Buci, un soir, quelques jours avant Noël. Le brocanteur semblait au courant de la situation. Il apportait une solution : une proposition d'apprentissage pour cinq ans chez Édouard Mesens, un libraire de la haute. Rive gauche. Logé, nourri, blanchi et de l'argent de poche. Sans préjuger d'une vraie proposition d'embauche plus tard. En bon marxiste, Lucien appréhendait le futur comme le produit mathématique de ses conditions d'existence : entre la montagne des Aravis et la vie à Saint-Germain-des-Prés, le choix se révélait donc avant tout politique.

En neuf mois de librairie, Lucien avait pu mesurer l'étendue des largesses de la providence et, du même coup, nuancer l'idée qu'il se formait de la bourgeoisie d'un enthousiasme plein d'élan pour le prestige dont jouissait son employeur. Il se montrait aussi sensible à la qualité des clients. Toujours impressionné quand se présentait à la boutique le directeur d'une bibliothèque universitaire américaine, par exemple, il se sentait confusément valorisé d'entendre Édouard Mesens converser en anglais et traiter d'égal à égal avec un interlocuteur du gotha capitaliste. Même le charme discret des grands patrons opérait sur lui son effet : il aimait partager les ressources de la salle de bibliographie avec le gouverneur de la Banque de France, un homme aux manières exquises, à qui le propriétaire des lieux offrait l'insigne privilège de documenter chez lui ses achats. Une hérésie à en croire l'immense majorité de la profession, qui voyait dans la sainte ignorance le gage de la fidélité des clients. Concernant le métier, Édouard Mesens ne manquait jamais une occasion de soumettre au débat ses idées. Lucien l'avait bien remarqué : le libraire se plaisait à passer pour un mage aux yeux des confrères, un peu vivement, sans doute ; du moins se comportait-il en visionnaire conséquent.

Sur chaque lot acheté à des particuliers, depuis janvier, il octroyait un pourcentage en nature à son jeune apprenti. Dans le tas, noyées au milieu de la drouille, il s'arrangeait toujours pour dissimuler trois ou quatre éditions de valeur. Il tenait à ce que son protégé apprenne à les distinguer seul, qu'il se débrouille à en tirer un bon parti : qu'il se coltine sur son temps libre les humeurs des confrères et explore par lui-même les arcanes de la librairie ancienne à Paris. Édouard Mesens poussait si loin la pédagogie de l'argent qu'il ouvrait à Lucien ses listes de recherches, celles de ses clients : particuliers, institutions. Il lui proposait d'y travailler en lui abandonnant l'ensemble des bénéfices, et la gloire, en cas de résultats. Il espérait faire du jeune homme un professionnel aguerri, solide à l'achat comme à la vente, un agent de terrain actif et motivé, capable, à l'occasion, de lui servir de taupe.

Lucien ne tarda pas à se piquer au jeu. Pour s'initier aux principes du courtage, il fit plus ample connaissance avec son bienfaiteur, Monny, un Serbe dont les trafics ingénieux lui étaient une source d'inspiration constante. Monny de Boully venait souvent solliciter Mesens, en rabatteur attitré. Derrière les manières polies de ce modeste brocanteur, se cachait une présence magnétique, un astre en sommeil. À trente-quatre ans, Monny de Boully passait déjà pour un vétéran de l'avant-garde internationale. Il avait fait Dada à Belgrade en 1924, la révolution surréaliste l'année d'après à Paris, avant de rallier le groupe Discontinuité et enfin le Grand Jeu. Depuis bien longtemps, il ne produisait plus que des plaquettes de seize pages à compte d'auteur, mais la qualité de ces équipages lui permettait encore de jouir, des années après, d'un crédit incontestable tant auprès des clients que parmi les écrivains avancés. Il usait et abusait de la double casquette de marchand-poète : il passait sa vie à vendre aux uns les vestiges d'un passé que les autres s'employaient à reconstituer sans fin.

Un jour, Monny sortit d'une enveloppe de papier kraft une petite pile d'un même ouvrage, un recueil de Max Jacob à tirage restreint. Les six exemplaires, à l'état de neuf, portaient tous d'émouvantes dédicaces autographes adressées au Serbe. Chacune se trouvait rehaussée d'une composition originale à l'aquarelle, signée et datée « 1923 » par l'auteur. La sincérité des poètes. Lucien était parti dans un fou rire ; Monny lui avait proposé d'en croquer. Il connaissait de nombreux écrivains, notamment la jeune génération : Paul Éluard, Robert Desnos, Antonin Artaud, René Daumal, etc. Lucien entendait les noms prononcés pour la première fois. Le brocanteur se faisait fort d'obtenir d'eux à peu près n'importe quoi : cadavres exquis, manuscrits de premier jet, épreuves corrigées, dédicaces au pape, s'il fallait… Il suffisait, en somme, de trouver les débouchés.

Lucien effectuait des livraisons de manière quotidienne pour le compte des *Corps intermédiaires*. Au fil des semaines, le rituel de la tournée changea du tout au tout. Dans la carriole à bras, à côté des paquets du patron, l'adolescent promenait désormais ses propres volumes à travers les rues de Paris. Lorsqu'il débarquait chez un marchand, il n'attendait plus sagement son reçu, mais il se glissait entre les piles et se faufilait partout, telle une anguille, à la recherche des titres susceptibles d'alimenter le business de Monny. Tout en chinant dans les rayons, il s'ouvrait au bavardage, transmettait les nouvelles des uns aux autres, s'enquérait de la marche des affaires et de leurs besoins auprès des libraires. Aux plus pingres, il proposait des trocs opportuns ; il se montrait curieux des livres, flatteur avec les hommes, obligeant. Il attirait la sympathie, la confidence, et réussit rapidement à se faire ouvrir les portes des réserves. C'est ainsi qu'un beau jour de septembre, dans une arrière-boutique de la rue d'Ulm, il finit par dénicher un des ouvrages qui figuraient sur la liste de recherches : l'*Algèbre* d'Omar Khayyam. Un exemplaire en percaline mauve, superbe, dédicacé par l'éditeur à Théophile Gautier. Il manquait un prix en page de garde. Lucien tendit sa prise au libraire en retenant son souffle.

« Ça, mon petit gars, ça vaut dix sacs tous les jours ! Mais il est annoté, je me suis fait enfler, je te le laisse à la moitié. »

Une semaine plus tard, en s'attablant avec son client dans le bar qui jouxtait la librairie, rue de Tournon, Lucien ne pouvait s'empêcher d'éprouver un curieux mélange de fierté et d'inconfort, une sensation de trahison de classe. Pour la première fois, il venait régler une affaire au troquet, à l'abri des regards, comme un libraire confirmé, adoubé par ses pairs. Édouard Mesens l'avait félicité pour son flair mais aussi exhorté à faire preuve de nerf à l'occasion de son prochain baptême du feu, à ne rien lâcher, vu la qualité peu commune de l'exemplaire qu'il s'était démené à chiner. Pour autant, l'individu qui se trouvait face à Lucien ce jour-là, cet homme frêle, ne ressemblait en rien aux capitaines d'industrie ou aux grands commis de l'État qui constituaient l'ordinaire des *Corps intermédiaires*. Il s'appelait Jef Goldman, se présentait comme philosophe. Avec son crâne rasé, ses accents de bonté, Lucien songea qu'il évoquait plutôt un étudiant sursitaire. Avant que les sirops ne menacent le guéridon de marbre, Lucien dégaina son Khayyam et annonça un prix tout de go : « Mille deux cents francs. » La somme lui parut tout aussitôt impossible à entendre et à justifier, même pour l'exemplaire personnel de Théophile Gautier. Sans parler de la marge, scandaleuse.

Jef Goldman ne put retenir un sifflement ambigu ; après un examen attentif, il se déclara néanmoins impressionné par la provenance de l'objet. Il lui révéla que Théophile Gautier avait le premier parlé d'Omar

Khayyam au public français, en 1867 ; puis il entreprit de raconter par le menu les détails de l'histoire qui l'avait conduit à l'*Algèbre* : le problème de Pappus, la *Géométrie* et le prétendu emprunt de Descartes.

« Au fond, on avance toujours tout nu sur le chemin de la mort, lança Jef en caressant d'un doigt sauteur la reliure de percaline. Heureusement, les livres font un excellent isolant thermique. Ils nous protègent du vrai froid. »

Lucien ne savait trop en quelle part interpréter la remarque. Il n'avait pas varié son prix d'un iota. Un bref instant, il parut décontenancé de n'en avoir pas reçu la suggestion. Il proposa d'échelonner les paiements, à discrétion. Jef Goldman se confondit en remerciements puis le pressa de questions sur l'art de provoquer la trouvaille. Lucien lâcha une adresse, celle du fournisseur : rue d'Ulm. Le philosophe s'exclama qu'il n'y a jamais de hasard et ne cessa plus, dès lors, de crier au génie du jeune homme. Pendant près d'une heure, il le fit témoigner sur son apprentissage de libraire, s'étonnant, par parenthèse, qu'on puisse tomber si tôt dans un négoce aussi vieux. Il l'interrogea longuement sur ses goûts littéraires, sur l'importance qu'il accordait aux plages de lecture dans l'emploi de son temps. Il en parlait, pour lui-même, comme d'une respiration primordiale, d'un retour salutaire dans l'existence d'un homme moderne constamment soumis à des émotions démultipliées. Il formulait qu'à ses yeux la passion amoureuse, la poésie, la musique, les mathématiques nous introduisent tout droit à une réalité supérieure. Une réalité dont elles seules constituent les voies d'accès, mais à laquelle leur existence, dans nos vies quotidiennes, est entièrement subordonnée. Au fur et à mesure que le philosophe s'exprimait, Lucien comprenait peu à peu qu'il n'avait pas gagné un client, à proprement parler, car pour ce qui lui avait été donné d'entendre dans les librairies, un client authentique ne s'entretient jamais que de lui-même. Mais une oreille, sans doute, peut-être un ami. Les deux hommes trinquèrent à la grenadine, puis se séparèrent avant la nuit.

Le soir, dans la chambre de bonne qu'il occupait à proximité du Sénat, Lucien se prenait à imaginer la grande vie en recomptant ses billets. À la réflexion, l'argent ouvrait bien des portes, mais, en dehors des librairies et des cinémas, où le jeune homme avait déjà ses entrées, rarement de celles qu'il se sentait de pousser sans compagnie. Depuis le début de l'année, il avait eu le temps de faire le tour des ressources humaines de la librairie. Sans parler de Mesens et Monny, qui le traitaient bien souvent en disciple, de quelques clients atypiques, peu nombreux, il ne voyait partout que des vieux. La crise produisait encore ses effets à bloc : depuis le choc de 1931, à l'exception des grandes maisons de la rive droite, les professionnels du livre ancien avaient appris à composer sans personnel, même le moins coûteux. Lucien avait bien eu vent de l'existence de grouillots de son âge, voire de jeunes et jolies secrétaires, là-bas, très loin, de l'autre côté de la Seine, mais Édouard Mesens se refusait par principe à lier commerce avec leurs employeurs :

« Je ne travaille qu'avec les libraires, pas avec les marchands, tu devrais le savoir depuis le temps. »

Précisément : Lucien avait le sentiment de ne plus côtoyer que des maîtres de sagesse. Des vioques, à perte de vue, des vioques : des ancêtres, des croulants, des fripés, et pas l'ombre d'une femme. À bien y regarder, la bibliophilie se révélait un sport copié de la chasse au marcassin : presque entièrement masculin. Lucien n'avait pas prévu le tintouin. Depuis des semaines, des mois, il guettait l'arrivée des amazones. Il voyait bien débarquer, de temps à autre, une ou deux créatures, mais il s'agissait le plus souvent de dactylos qui passaient relever les commandes de leur boss et disparaissaient aussitôt, escortées par des chauffeurs en livrée. Et puis, elles avaient toutes passé vingt-cinq ans et portaient pour la plupart des alliances. Une fois, une seule fois, une demoiselle s'était hasardée à pousser la porte des *Corps intermédiaires*. Lucien s'en souvenait avec précision. Elle portait autour du cou un somptueux carré Hermès. C'était un après-midi de la mi-juin, trois mois auparavant. Encore se trouvait-elle chaperonnée par un homme un peu plus âgé qu'elle, un beau brun de trente ans, que Lucien avait détesté dans l'instant. Elle s'exprimait avec un accent chantant, sans doute italien. Elle était laborantine, chimiste, et lui physicien. Ils étaient chargés par leur équipe du Collège de France de choisir un présent commun à l'intention de leur directeur de travaux. Tous les chercheurs et manipulateurs de Frédéric Joliot-Curie avaient mis au pot, afin de lui offrir un ouvrage rare, à l'occasion de la naissance de son nouvel enfant : le « cyclotron ». Ils s'étaient accordés sur une édition originale d'Isaac Newton, si possible un titre éloquent.

Pendant qu'Édouard Mesens s'activait pour donner satisfaction aux visiteurs, Lucien était demeuré pétrifié dans un coin. Il n'avait pas cessé de dévisager la jeune femme : fine et délicate, des yeux d'un brun miel de sapin, elle semblait surgir du fond des espérances humaines pour flotter à quelques centimètres au-dessus du sol des clampins. Le patron était revenu de son bureau chargé de bouquins et, sans trouver d'autre soutien, avait prié la jeune femme de le décharger d'un imposant quarto. Lucien la revoyait encore ouvrir et puis tendre le volume devant elle, les deux bras nus, comme un lutrin de chair. Accoudé à une échelle mobile, il en était tombé à la renverse. Une lourde chute qui aurait pu virer au cauchemar. Il s'était relevé sans une égratignure, par miracle, l'air satisfait d'un homme qui vient de faire la paix avec lui-même. En vérité, après ce qu'il lui avait été donné de contempler, il s'était dit qu'il aurait tout aussi bien pu claquer raide, sur le plancher, et finir d'un coup sec. Il ne parvenait pas à se défaire de l'image de fine dentelle de ce tricot sans manches, le petit sein nu, pointé par l'échancrure. Elle l'obsédait. Elle le surprenait cent fois par jour. Lucien avait espéré que la belle reviendrait chercher seule le Newton, quand l'achat fut confirmé par le labo de chimie nucléaire. Il s'était même arrangé pour demeurer à la librairie le jour de l'enlèvement du colis. Il n'avait vu qu'un coursier, très laid. Depuis, chaque fois qu'il le pouvait, avec sa carriole, il accomplissait un détour par le Collège de France et s'attardait sur la place Berthelot, au cas où la belle croiserait dans les parages. Sans succès jusqu'à présent. Une fois encore dans sa vie, Lucien attendait la rentrée scolaire avec appétit.

Lucien n'était pas tout à fait seul : il recevait des lettres de sa mère, et surtout, il avait Zonzon. De quoi occuper ses soirées et une bonne partie de ses jours de repos. Chaque dimanche, il emmenait son lapin dans un panier effectuer une promenade sur les pelouses des jardins du Luxembourg. Il coupait de l'herbe fraîche pour sa litière. Il aimait particulièrement le coin au croisement des rues Guynemer et Auguste-Comte, le plus tranquille, le plus éloigné des guérites de la gendarmerie. Les premières fois, Lucien n'osait pas lâcher Zonzon dans la nature, même aux beaux jours, de peur que le bestiau ne se carapate et refuse de regagner ses pénates. C'est en lisant « Le voyage », un poème de Baudelaire, en s'interrogeant sur la signification du mot « rétiaire » et en découvrant la spécialité de ce gladiateur dans le dictionnaire, qu'il conçut la solution. Il se rendit dans un magasin d'articles de pêche, à la pointe sud de l'île Saint-Louis, où il fit l'emplette de quatre plombs de cinquante grammes et de deux mètres carrés de filet de traîne à maille moyenne : le calibre d'un brochet. Zonzon n'avait plus qu'à bien se tenir ! Mais il était libre désormais de se dégourdir les pattes sur un sol mieux adapté à ses griffes que le bois du parquet. Lucien éprouvait quelque scrupule à confiner son lapin six jours sur sept dans une piaule de neuf mètres carrés. Il veillait scrupuleusement à l'hygiène de la race, à celle de la pièce, mais Zonzon se comportait bien souvent comme un fauve en cage. Il courait dans tous les sens, détalait sans répit, en s'acharnant sur les draps au pied du lit. Parfois, il semblait même pris de folie. Lucien, le cœur serré, observait alors l'animal donner du crâne sur la plinthe, comme possédé par le démon. Il devinait sous ce corps frêle une âme tourmentée, à l'image de la sienne. Il ignorait ce qu'avaient été les deux premières années de sa vie de lapin mais soupçonnait de violentes blessures métaphysiques. Il ne pouvait d'ailleurs s'empêcher de se trouver avec Zonzon une ressemblance, physique tout autant que morale, à commencer par leurs paires d'incisives d'une blancheur égale. Alors, dans un sentiment de communion profonde, il prenait la bête sur ses genoux et, pour qu'elle ferme les yeux et qu'elle se laisse aller enfin au repos, il lui caressait doucement la tête. Il lui parlait, non par phrases, mais par bribes de quelques mots, comme si elle n'avait pas besoin de plus pour entendre le reste. Il lui racontait tout. La paume sous le ventre, il scrutait dans ses mouvements les plus infimes les signes d'une approbation inconditionnelle. Qui ne tardait jamais. Il embrassait alors Zonzon entre les yeux, tout bleus, le coinçait sous les pattes de devant de ses deux mains en cercle, puis il levait pour finir son corps blanc vers le vasistas, comme la preuve éclatante du triomphe de l'amour.

3

Plan de bataille

Le mardi 27 octobre 1938, à la mi-journée, l'Europe entière retenait son souffle, à un jet de pierre de l'abîme, à peine, dans la crise des Sudètes. À la librairie comme ailleurs, on s'inquiétait des nouvelles diplomatiques, sans s'éloigner du récepteur, en espérant que reprissent au plus vite les négociations de paix entre Allemands et Alliés. Peu avant 16 heures, Lucien dut abandonner le poste de radio, à regret : il partait suivre son premier cours de reliure. Une idée du patron, une de ses visions, bien sûr, une fantaisie de despote éclairé, l'apprenti n'avait pas pu se dérober. Édouard Mesens prétendait ne posséder de cet art qu'une notion très sommaire et déplorait, pour son compte, cette lacune comme un manque à gagner permanent. Selon lui, il ne suffisait pas d'être en mesure d'identifier l'époque et la manière d'un relieur en un clin d'œil. Un bon professionnel devait encore se montrer capable de procéder lui-même aux restaurations d'usage, tant sur cuir que sur papier, et, à défaut, d'évaluer de façon exacte les coûts générés par des interventions plus savantes. Factures à l'appui, il avait apporté à Lucien la preuve des sommes considérables qu'une telle formation lui permettrait de capitaliser tout au long de sa carrière de libraire. Lucien s'était déclaré peu convaincu par ces économies de bouts de chandelle et avait passé la majeure partie de l'été à renâcler à la perspective d'un emploi manuel.

Le jeune homme ne s'était arrêté de vagir que le jour où Édouard Mesens lui avait révélé le nom et l'adresse du relieur : Constantin Le Taupreuil, alias la Taupe, possédait un atelier dans le Ve arrondissement, en haut de la rue Jean-de-Beauvais, au pied de la montée de la rue de l'anneau, autant dire juste en face des grilles du Collège de France.

En pénétrant dans la vaste salle qui empestait la gélatine animale, au deuxième étage d'un immeuble bancal, Lucien n'avait qu'une idée en tête : coller au plus près de l'une des trois fenêtres qui dominaient la rue Marcelin-Berthelot et le territoire de la jeune Italienne.

Il se découvrit, sur place, un condisciple de son âge, un petit gars plein de gouaille et de mordant, un apprenti, comme lui, qui étudiait le livre dans une maison huppée de la rive droite. Il s'appelait Léon. Le relieur fit de rapides présentations, puis entreprit de guider les deux adolescents à travers les recoins de son atelier. Au passage, il désigna les différentes variétés de peaux, les rouleaux de papier marbré, les tiroirs de lettres de casse, les collections de fleurons, avant d'attirer leur attention sur les tables. Les différentes étapes qui conduisent un ouvrage de la brochure manufacturée au maroquin monogrammé, doré sur tranches, y étaient toutes matérialisées, les unes après les autres. Les outils nécessaires à chaque opération venaient appuyer en nombre une démonstration qui se voulait également distrayante. Pendant deux heures, les élèves purent ainsi se familiariser avec l'art de rogner et de frapper les mors. Ils empoignèrent des pinceaux, des scies, des maillets, des ciseaux, s'initièrent à l'usage du cousoir, de la presse à tranchefiler et se couvrirent de glu, de litres de glu, de la tête aux pieds. En professeur expérimenté, la Taupe réservait la manipulation de matériaux coûteux à un niveau plus avancé. Pour conclure en beauté son introduction à l'art de la reliure, il tenait néanmoins à révéler le haut degré d'exigence technique des procédés de dorure. Il commanda à ses deux étudiants un silence absolu. Sur le plat supérieur d'un in-octavo en demi-reliure solidement calé devant lui, il disposa avec soin une bande de papier d'or étroite le long du bord de chagrin noir. Dans un râtelier fixé au mur, il sélectionna ensuite une roulette de laiton de trois centimètres de diamètre, pourvue d'un long manche de bois gainé, qu'il prit soin d'ajuster au creux de l'épaule. Avec le fil de l'instrument, en position d'équilibre, il parvint alors à pincer la feuille d'or sur l'arête inférieure du cuir et, d'un geste d'une précision incroyable, fit rouler le disque de laiton d'un trait vif jusqu'au bord supérieur. Il retira les chutes de métal, souffla pour éparpiller les brisures : le filet d'or apparut, net et sans bavures, parfaitement rectiligne.

« Pour parvenir à un tel résultat, mes enfants, vous devez être prêts à consentir trois sacrifices, et à vous y tenir jour après jour, tout au long de la vie : pas d'alcool, pas de cigarettes et, surtout, pas de femmes ! »

En quittant l'atelier, Lucien semblait plus partagé que jamais face à la nécessité de s'astreindre à un tel sacerdoce. Il se privait sans difficulté de fumer et de boire, il rechignait de manière générale à se pourrir l'ivoire, mais il se serait sincèrement attristé de finir sous le cuir d'un moine. Il plaisantait de la sorte avec Léon en poussant le portail qui donne sur la ruelle, lorsqu'il la reconnut, elle, l'Italienne, devant eux, à moins de vingt mètres. Elle tournait le dos. Elle portait une robe rouge, le même foulard Hermès. Aucun doute : la belle conversait devant le Collège de France avec le physicien qui l'accompagnait déjà au mois de juin. Léon continuait à vanner, mais Lucien n'écoutait plus. Il s'était figé, incapable du moindre geste. Il sentait une lame de métal froid fouailler sa gorge, éprouvait le plus grand mal à déglutir. C'est alors que la jeune femme effectua un demi-tour, droit dans sa direction, comme si elle avait senti le regard du jeune homme peser sur sa nuque. Elle le dévisagea longtemps, effrontément, chercha sans fléchir à fixer ses yeux dans les siens, et sitôt qu'elle le tint au bout de sa mire, lui décocha un sourire de donzelle à damner un chrétien.

Zonzon fut le premier à mesurer l'onde de choc, à subodorer la passion dans l'homme, à identifier chez son maître un manque, un trouble, bref, un besoin nouveau : celui de trouver les mots. C'en était fini des conversations en tête à tête, de ces phrases en pointillés que finissait la bête. Tous les soirs, désormais, il convenait de convoquer l'esprit de la belle en de longs rituels. La fatigue s'installait peu à peu. Zonzon lui-même ne s'était jamais tenu plus tranquille : il n'en pouvait plus des poèmes sublimes, toutes les nuits, jusqu'à l'aube. La journée, au travail, Lucien demeurait le plus souvent mutique ; il semblait requis ailleurs et profitait de la moindre accalmie pour ouvrir son Rimbaud. Il s'était offert l'édition du Mercure et traînait le volume dans la poche de sa veste partout avec lui.

Quelques jours plus tard, lors d'un nouveau rendez-vous, en reconnaissant le livre sur la table du bar, Jef Goldman lui demanda tout à trac : « Amoureux ? » Lucien commençait à se familiariser avec les raccourcis du philosophe. Il avoua que cette lecture lui laissait l'impression d'y voir clair, de se sentir mieux, plus léger, comme on doit se sentir à l'air des sommets. Il affirma goûter l'expérience d'autant plus curieusement que certains textes, même après vingt lectures, gardaient la meilleure part inaccessible au sens commun. Jef avança que la beauté révèle l'ordre secret de l'univers et mérite, à ce titre, toutes nos dévotions.

Les deux hommes dialoguèrent ainsi pendant des heures, avec vivacité et sérieux, comme si de la probité de leurs échanges dépendait le sort de la planète. De l'élégie à l'axiomatique, de l'apparition du phénomène religieux à l'économie politique, Jef Goldman développait des vues originales sur les sujets les plus variés. Il paraissait bénéficier d'une mémoire phénoménale et produisait avec fluidité des myriades de théories et d'anecdotes stupéfiantes. Pour avoir étudié de près le parcours d'un grand nombre de mathématiciens, il se déclarait frappé par la parenté du démon rimbaldien avec les formes courantes d'épanouissement de l'esprit créateur dans les disciplines scientifiques. Il avait appris de fraîche date qu'Arthur Rimbaud collectionnait les mots depuis l'enfance : des mots volés dans les livres, les journaux, sur les papiers d'emballage, des mots de toutes les langues qu'il s'amusait à combiner à l'infini, dans des cahiers d'écolier. Jef ajouta que le jeune prodige avait également publié des vers latins à l'âge de quatorze ans, dans le *Bulletin officiel de l'Académie de Douai*. Il soulignait l'extraordinaire précocité de sa maîtrise du langage et des conventions poétiques, de l'Antiquité grecque et latine, et de leurs métriques surfines, jusqu'aux tentatives formelles des parnassiens. Il voyait dans cette aisance native la même familiarité que celle du génie mathématique avec les conceptions les plus avancées de son temps. Et l'instinct commun de leurs limites. Il s'agissait, selon le philosophe, des deux conditions nécessaires à tout écart fondateur. En redéfinissant le concept de vitesse attaché à l'image poétique, en identifiant ses agents dormants et leurs articulations logiques, Rimbaud avait révolutionné la poésie française et plus encore l'usage poétique du langage dans ses principes. Et ainsi, le registre des émotions, toutes les manières d'appréhender la réalité. Jef Goldman en voulait pour preuve les nombreux pillages dont faisaient l'objet les *Illuminations* et *Une saison en enfer*, dans la littérature, mais aussi dans la peinture, la réclame et le cinéma.

Avec Jef, au moins, Lucien avait la possibilité de parler librement. Il se sentait de plain-pied dans la conversation, même s'il n'était pas certain de toujours bien saisir. Il ne comprenait pas, notamment, comment le gars pouvait chausser des bésicles pareilles et paraître dans le monde avec une coupe de parfait ratapoil. Il s'en étonna avec franchise auprès du philosophe. Ce dernier lui révéla qu'il accomplissait des périodes régulières sous les drapeaux, dans le cadre d'une préparation militaire spécialisée. Il se faisait ainsi tondre à intervalles réguliers. Son volontariat datait du mois de mars dernier. Jef Goldman bénéficiait du grade d'officier de réserve depuis des années, il ne cherchait pas à se planquer en prévision de l'orage mais, à l'approche d'un conflit aux dimensions d'ores et déjà planétaires, il s'était juré d'en comprendre les lignes de convergence et la dynamique singulière. Il puisait désormais ses informations à la meilleure source, au camp de Suippes dans les Vosges, où les services de l'armée mettaient à disposition des élèves-officiers quantité de notes de synthèse et d'analyses stratégiques. Il avait également eu le loisir de discuter avec des officiers d'active, en toute liberté. Des hommes intelligents, avisés pour la plupart, contrairement à ce que supposait Lucien : excepté le sommet de l'état-major, personne ne croyait plus, dans les rangs des officiers, à une nouvelle guerre de positions telle qu'on l'avait connue entre 1914 et 1918, avec des bataillons campés dans des tranchées. Le recours systématique aux unités de blindés mobiles, le soutien redoutable de l'aviation, toutes ces innovations techniques imposaient de repenser l'idée de la guerre héritée de Verdun. Jef Goldman prophétisa que le prochain conflit serait mécanique.

« À cause du jeu des alliances entre les parties en présence ? » hasarda Lucien, quelque peu dérouté.

Il avait encore en tête le coup de chaud qui venait d'accoucher des accords de Munich. Les démocraties s'étaient vues mourir pour les Sudètes ; à Londres, les journaux racontaient qu'on avait même commencé à creuser des trous dans les squares et les parcs.

« Je te parle de la force mécanique, de celle que développent les machines de guerre. Imagine-toi la puissance d'impact d'une colonne de panzers, ou encore celle d'un escadron de bombardiers Heinkel, par comparaison avec la capacité de percussion d'une unité d'infanterie classique. Rappelle-toi Guernica, tout récemment. Sans parler de pilonnage intensif, songe qu'un pilote peut paralyser à lui seul une capitale de la taille de Paris pendant des heures : il lui suffit de laisser planer dans le ciel sa menace. Figure-toi maintenant que ce soit un garçon de ton âge qui tienne les commandes de l'engin : il ne connaît rien aux principes de l'aéronautique, il a reçu une formation de base de quelques heures, mais d'une simple pression du doigt il peut anéantir un congrès de Prix Nobel. La force mécanique nie l'intelligence par principe, l'intelligence qui fait douter. Et l'humain : c'est l'animal en l'homme qu'elle dresse à la hauteur d'un géant meurtrier. De ce point de vue, du reste, les nazis ont déjà gagné la guerre : ils reconvertissent leurs maquereaux en ministres plénipotentiaires, pendant que chez nous, les meilleurs se font sacquer. »

Au début de novembre, le peuple de France prit peu à peu connaissance du détail des accords de Munich par la presse. Passé le bref soulagement qui avait accompagné l'abandon des Sudètes, la honte apparaissait à chacun, chaque jour un peu plus manifeste. La question de la guerre, les sujets de politique étrangère brûlaient toutes les lèvres. Rue de Tournon, aux *Corps intermédiaires*, Lucien évaluait avec attention les positions des uns et des autres. En bon commerçant, son patron faisait mine d'approuver la majorité des clients, qui voyaient dans cette « reculade » la seule chance de la paix. Mais en privé, le libraire ne cachait pas son scepticisme ; une inclination que semblaient partager les esprits éclairés. Parmi les proches d'Édouard Mesens se révélaient ainsi quelques sympathies communistes auxquelles Lucien se montrait particulièrement réceptif. Il enregistrait avec soin les argumentaires, étudiait leurs angles d'attaque et n'hésitait pas à les réutiliser sitôt que l'occasion s'en présentait.

Il voyait Jef trois ou quatre fois par semaine, quand ce dernier ne s'employait pas à crapahuter dans les Vosges. Les deux hommes s'entendaient comme larrons en foire et pouvaient refaire le monde ensemble pendant des nuits entières. En vérité, plus que de politique, Lucien aurait aimé entendre Jef Goldman lui prodiguer des conseils sur la manière d'aborder une Italienne, belle et moderne. Un homme qui témoignait d'une perception si aiguë du monde autour de lui ne pouvait ignorer qu'il se peuplait pour moitié de femmes : à trente ans, il devait avoir pris soin de percer leurs secrets, comme il s'y était appliqué avec ferveur, selon toute évidence, pour les principales régions de l'univers. Mais à part d'incessantes allusions à leur première conversation sur Rimbaud, Lucien ne savait comment s'y prendre pour amorcer le demi-tour : il pensait amour, techniques d'approche, Jef répondait, invariablement, énergie, force d'impact :

« Mais enfin, Lucien, toi qui es marxiste, tu vois bien que le nazisme, le fascisme, le capitalisme, le stalinisme, tous ces "*ismes*", forment de vastes cristallisations idéologiques au même titre que les religions que tu condamnes. Ces conceptions s'affrontent, elles se prétendent antagonistes à longueur de débats, mais elles ne dessinent jamais que la superstructure du conflit à venir et les raisons avouables qu'elles nous donnent. Or elles ont un dieu commun. Ce qui me paraît révélateur des intérêts réellement à l'œuvre, c'est l'infrastructure du conflit, et non l'affrontement idéologique qui la dissimule. Dans une guerre mécanique, la question de l'accès à l'énergie conditionne toutes les autres : elle est au cœur de l'économie du conflit. Sans pétrole, les chars n'avancent pas, les avions restent au sol. Je me suis penché sur la question du pétrole et, plus largement, sur celle de l'énergie, et j'ai avancé de surprise en surprise. Prenons la crise des Sudètes. Les démocraties se consolent en avançant qu'après tout, elles n'ont abandonné au Reich que des populations majoritairement germanophones, mais le sens économique de cette annexion paraît tout différent. Les nazis ont fait main basse sur l'uranium de Jáchymov et aussi sur d'excellents gisements de lignite et de charbon brun qu'ils vont s'empresser de transformer en pétrole. Ce pétrole synthétique est destiné à alimenter les avions qui menacent de bombarder un jour la France. Sans la technologie qui permet cette transmutation, nous n'aurions sans doute pas connu la crise des Sudètes. Il se trouve que ce sont des firmes américaines qui la commercialisent, Standard Oil et Dupont de Nemours : elles vendent sans états d'âme aux nazis les brevets du tétraéthyle de plomb indispensable à la synthèse chimique du pétrole.

– Les camarades ont raison, une fois de plus, la guerre se résume à une affaire de gros sous entre capitalistes, une tambouille fatale à la Rockefeller, commenta Lucien d'un air blasé.

– Les camarades auraient sans doute raison s'ils acceptaient de ranger l'Union soviétique au nombre des États capitalistes, asséna Jef Goldman, en traître. En plus des brevets pour le pétrole synthétique, j'ajoute que les Américains fournissent également les deux tiers des approvisionnements officiels de l'Allemagne en pétrole fossile. Mais à Moscou, on fabrique des avions Junker, des gaz toxiques à Samara, de l'artillerie à Petrograd, à Kronstadt des sous-marins de deux cent cinquante tonnes, au seul profit de l'effort de guerre nazi. L'Union soviétique procure à l'Allemagne d'énormes quantités de pétrole en provenance de Bakou, dans le cadre d'un accord secret qui court depuis maintenant seize ans : un accord qui ne prendra fin, selon toute apparence, que le jour où les Allemands décideront de se rendre sur place et de se servir eux-mêmes. Si cela peut te rassurer, les rapports militaires estiment qu'Hitler n'a pas encore réuni la capacité énergétique ni la force mécanique d'affronter les Soviétiques, car l'accès à la ressource pétrolière demeure insuffisant aux Allemands, mais le Führer y travaille chaque jour. Dis-toi bien qu'il lorgne également sur les réserves stratégiques de ses voisins, les nôtres au premier chef, elles sont considérables, mais aussi celles des pays frontaliers du Reich. De sorte que si l'URSS est bien la victime désignée de Munich, la victime finale, comme tu l'as lu dans *L'Humanité*, alors il y a tout lieu de penser que la France, la Belgique, la Hollande serviront de cibles préalables. »

Lucien protesta que ces hypothèses reposaient sur des élucubrations en provenance des agents du renseignement militaire, presque des flics, en somme. Jef assura que, sans même fréquenter le camp de Suippes, il s'avérait possible de collecter de telles informations à travers les journaux, à droite et à gauche :

« Ceux qui cherchent d'ordinaire d'un côté ne regardent jamais de l'autre, c'est le propre d'une époque hémiplégique de ne formuler que des demi-vérités, pour des cerveaux fanatisés.

– Enfin, Jef, comment peux-tu être aussi catégorique ? Comment peux-tu te montrer à ce point convaincu que la guerre aura lieu, qu'elle éclatera pour de bon, quoi qu'il arrive ? Regarde autour de nous, les gens carburent au pernod, pas au mazout, ils ont l'air plutôt calmes, heureux de vivre, ne crois-tu pas que les choses finiront par se tasser d'elles-mêmes ?

– Tu as raison, j'oubliais la raison principale : parce que sous les divergences idéologiques que revendiquent les uns et les autres, la perspective des profits que promet de générer le conflit a réussi à mettre tout le monde d'accord. Et puis, regarde autour de toi, l'univers n'a déjà plus d'yeux que pour la nouvelle barbarie. »

Lucien réfléchit qu'il avait seize ans et trois mois. L'État français n'appelait les jeunes sous les drapeaux qu'à l'âge de vingt ans révolus. Si Jef ne se trompait pas, si ce conflit devait effectivement se déchaîner dans un avenir prochain, Lucien pensa avec effroi : alors, qu'il débute maintenant et s'achève aussitôt ! Il ne craignait pas tant de se battre, ni de mourir dans l'apocalypse, que de rallier une minute la bannière visqueuse du capitalisme.

Quelques jours avant le début de décembre, Lucien se résolut enfin à solliciter les conseils de son aîné ; il réfléchit avec intensité au moyen d'aborder le sujet sans détour. Jef Goldman disparaissait le lendemain à destination de Suippes pour une nouvelle période de trois semaines. Il y aurait ensuite les vacances scolaires et, si Lucien n'y remédiait pas sans tarder, une longue attente jusqu'à la rentrée de janvier. Il devait accepter de se faire violence. Un instant, Lucien avait cru pouvoir exposer l'affaire comme un cas d'école, une sorte de récréation mathématique, mais, démasqué par les airs entendus de Jef, il finit par cracher le morceau en totalité : la visite à la librairie, la rencontre sur le parvis du Collège, l'œillade de la belle, les portes de l'autre monde…

« Et comment as-tu réagi quand elle a soutenu ton regard ?

– J'ai piqué un fard, puis elle est partie avec le physicien et Léon m'a traité de chochotte, admit Lucien.

– Excellent, excellent. Dis-toi que Léon n'est qu'un jaloux. Il ne comprend rien aux femmes. Le travail paraît déjà très avancé… »

Le plan de Jef offrait l'avantage d'une grande simplicité : Lucien devait aborder l'Italienne un soir de semaine, à la sortie du travail, puis l'inviter seule à prendre un verre, lui avouer qu'elle lui plaisait et l'embrasser dans la foulée. Cependant, parvenu à la mi-décembre, après une centaine de répétitions de la scène avec le lapin Zonzon dans le rôle de l'objet désiré, Lucien ne pouvait s'empêcher de trouver au scénario de Jef toutes sortes de malfaçons. La pièce lui semblait relever des mœurs peu recommandables des adultes, notamment par sa brutalité.

Un vendredi soir, pourtant, quelque temps avant Noël, il décida de se lancer. À 17 h 50, il se posta devant les grilles du Collège de France. Elle ne tarda pas à se montrer, si belle et frêle, emmitouflée dans un manteau de laine. Elle déclara qu'elle ne pouvait accepter la proposition, qu'elle était pressée, mais qu'ils se verraient en janvier, avec plaisir. Elle s'appelait Laura. Elle avait dix-neuf ans, elle venait de Rome. Devant son refus, Lucien était demeuré le souffle coupé, incapable de parler. Au moment de partir, bonne âme, elle l'agrippa par le col et lui ravit un baiser.

4

Peaux et reliure

« Tout ce que ta main trouve à faire avec ta force en ce monde, fais-le ; car il n'y a ni œuvre, ni pensée, ni science, ni débats, dans le royaume des morts où tu vas. »

Lucien méditait la sentence de l'Ecclésiaste. Il était las de triturer les citations, mais celle-ci convenait assez bien à la situation. Depuis quelque temps, les journées à la boutique s'enlisaient dans la répétition. En vérité, il n'aurait jamais imaginé qu'il fût possible de s'ennuyer aussi ferme dans un espace rempli de livres. Passé les ventes de prestige et la boulimie d'achats à laquelle s'abandonnent la plupart des clients à l'approche de Noël, le mois de janvier marque traditionnellement un net recul du volume de l'activité dans la librairie ancienne. Mais en ce début d'année 1939, la neige venait encore compliquer la donne. Aucune livraison à effectuer, aucune raison de sortir chiner. Pas de commandes, un courrier nul ; sans parler des visites. On aurait dit que le téléphone avait été coupé, les vitrines et les rues du quartier couvertes à leur insu de fils de fer barbelés.

Lucien jugea le moment opportun de lancer l'offensive. Un beau matin, à peine arrivé, il fit valoir à son patron tout le parti qu'une entreprise de pointe telle que la sienne pourrait tirer d'un personnel rompu à la restauration du papier. Il assura que la Taupe le considérait comme un élément prometteur, suffisamment méticuleux, qu'il se proposait même de lui consacrer trois séances de deux heures au lieu d'une par semaine, pour un surcoût ridicule. Édouard Mesens accueillit la suggestion avec d'autant plus de méfiance que Lucien se proposait de régler la note.

Le libraire déclara soupçonner dans ce revirement l'influence du jeune Léon et, par son truchement, la contagion des mœurs de la rive droite. Plus sérieusement, il se demandait si une plongée dans les eaux troubles du métier se révélerait une pédagogie adaptée à son protégé, après seulement douze mois d'apprentissage. En dehors des cours, peu nombreux il est vrai, la Taupe gagnait sa vie en exécutant les basses œuvres de la profession, celles auxquelles ses collègues se refusaient par principe. Il possédait un savoir-faire qui en faisait le partenaire incontournable de toutes les bonnes maisons de la rive droite comme de la rive gauche, à commencer par celle de Mesens. Lucien avait déjà eu l'occasion de repérer quelques-uns des trafics auxquels son patron se livrait par l'intermédiaire du relieur, notamment des substitutions de couvertures, qui permettaient de rafraîchir des exemplaires autrement plus précieux. Il gardait l'argument bien au chaud. Il se contenta d'alléguer que Léon ne fréquentait déjà plus l'atelier, qu'ils se détestaient, de toute façon. Mesens finit par céder, à court d'objections.

Il régnait dans l'atelier une odeur indéfinissable, un mélange de gélatine animale et de froment, rehaussé d'une note de patchouli, ou d'épices, que Lucien ne parvint pas à isoler dans les premiers temps : un parfum de haschisch, en vérité, dont le maître des lieux usait et abusait en pionnier.

Les jours où les locaux ne servaient pas de salle de cours, la Taupe tendait de part en part des fils de coton sur lesquels, comme des fanions, il disposait les feuillets à sécher, à l'issue de la trempette. En dessous, les tables se couvraient d'amples bassines rectangulaires en aluminium. Certaines étaient remplies d'une solution incolore à base d'eau de Javel : elles servaient à faire disparaître les rousseurs qui affectent le papier, les dédicaces à demi effacées, à atténuer les tampons de bibliothèque quand il s'en trouvait, ou encore à raviver les couvertures insolées. D'autres contenaient du thé, des infusions de plantes, afin de reteinter, au contraire, les cahiers blanchis à l'excès par des bains mal dosés. À côté des bassines, on voyait des bottes de pinceaux : elles offraient au professionnel la possibilité de prodiguer le même type de soins aux ouvrages reliés, sans toucher aux coutures. En dehors des lavages, dont il se débrouillait, la Taupe jouissait surtout d'une réputation de magicien du gilotage. Il excellait dans cet art qui consiste à fabriquer, à partir de deux exemplaires diversement tarés d'un titre identique, un unique, complet, en tout point parfait. Il repiquait les pages manquantes d'une reliure à l'autre, parfois des cahiers entiers. Il ajustait les tailles, coupait, ponçait, repassait les tranches, il n'avait pas son pareil pour maquiller la trace de ses forfaits. Il possédait notamment des petits sachets de poussière artificielle, dont il recouvrait les feuillets qu'il avait choisi de vieillir. À l'aide d'une gomme souple, il parvenait à loger la poudre entre les vergeures et les pontuseaux du papier et à uniformiser ainsi l'apparence des atteintes du temps.

Une grande partie du travail de la Taupe consistait à chiner les matériaux de base indispensables à son artisanat. Pages de garde à la cuve du XVIIe ou du XVIIIe, feuilles blanches de toutes sortes et de toutes dimensions, parchemins anciens pour les incunables et les volumes du XVIe, coiffes de veau, de basane… aux puces, sur les quais, chaque année il récupérait des dizaines de mètres cubes de reliures anciennes, qu'il démembrait ensuite au gré des besoins. Il recherchait tout spécialement les ouvrages religieux, dont il faisait sauter les habillages luxueux, afin de les réemboîter sur des titres profanes. Quand on le lui demandait, il n'hésitait pas à ferrer sur ses maroquins d'emprunt les armes de familles célèbres. On racontait même qu'au fil des années, la Taupe avait reconstitué la bibliothèque de Colbert dans sa totalité. En réalité, le maître de l'illusion poussait encore plus loin la pratique de son art. Un beau jour, à la mi-février, il dévoila à son jeune affidé ses talents cachés de photographe. Il le pria d'observer dans l'atelier la présence du matériel nécessaire à la prise de clichés de qualité. Avec l'aide d'un imprimeur, expliqua-t-il, il restituait leur intégrité à des ouvrages incomplets en recomposant, au moyen de la photogravure, des fac-similés tout à fait convaincants des lacunes et défauts du texte imprimé.

« Le prix de revient doit être exorbitant, fit remarquer Lucien.

– Sans compter ce qu'il m'en coûte sur le plan moral…, lança la Taupe en rigolant. Je les fais douiller, et même salement, tu peux le croire ; et pourtant, ils reviennent tous. Parfois, j'ai l'impression que certains ne peuvent plus s'en passer. J'en soupçonne même de n'acheter que des livres chtarbés : par vice. Simplement pour le plaisir d'enfler un client arrogant. J'ai un point de vue imprenable sur la librairie, tu le devines. La place que j'occupe est comparable à celle d'un notaire dans la société civile. Je travaille avec tout le monde, sans poser de questions. Je suis au cœur des histoires de pognon, des héritages, des activités secrètes, les gens me racontent leur vie sans que j'aie rien demandé. Je palpe sur chaque transaction, en veillant à ce que personne ne se croise jamais au pied de mon escalier. Je tiens les clefs de l'hypocrisie générale et je dois t'avouer, au cas où tu serais tenté, que ça ne paie pas si mal. »

Le jeune libraire ne se montrait guère sensible à l'appel du confessionnal. Il préférait se passionner pour les aspects techniques du métier et laisser de côté la question morale. Il progressait rapidement. Au fil des semaines, cependant, un doute finit par s'installer.

Début mars, la belle Italienne n'avait toujours pas refait surface. Le soir, Lucien traînait de plus en plus tard à l'atelier et, dans la journée, s'ingéniait à multiplier les chantiers qui lui donnaient prétexte à rester pour avancer le travail. Le manège n'avait pas échappé à la Taupe, qui semblait encourager la ténacité du jeune homme dans tous les domaines : souvent, le restaurateur invitait son élève à dîner. Il était près de 22 heures, le mardi 14 mars, lorsque, en sortant de l'immeuble de la rue Jean-de-Beauvais, Lucien tomba sur un groupe de jeunes gens qui traversaient la cour d'honneur du Collège de France. Laura se trouvait parmi eux. Elle avait le cheveu gras, les traits amincis, et parut quelque peu confuse de se montrer ainsi. Elle lui présenta de plates excuses, promit des explications, proposa sans façon de cheminer ensemble jusqu'à la station Odéon. Elle expliqua qu'elle s'était juré de lui rendre visite dès le lundi de la rentrée, mais qu'elle n'en avait pas encore eu le loisir. Depuis le mois de janvier, le département de chimie nucléaire du Collège de France devait faire face à une surcharge de travail tout à fait exceptionnelle. La jeune femme alignait les journées de douze, voire quatorze heures, six jours sur sept, et passait les dimanches chez elle, affalée dans des états larvaires. Lucien l'écoutait sans la croire. Peu après la librairie Gibert, Laura s'arrêta net. D'une main douce, elle saisit le biceps du jeune homme à travers l'étoffe de sa veste, le massa avec lenteur, puis se remit en marche avant d'enchaîner sur les détails de l'histoire. Au début de l'année, Otto Hahn et Fritz Strassmann, deux chercheurs allemands, s'étaient rendus célèbres en publiant dans la revue *Naturwissenschaften* un article révolutionnaire : ils apportaient la preuve expérimentale qu'il était possible de briser un noyau d'uranium en le bombardant à l'aide d'un faisceau de neutrons. Ils avaient ainsi réussi à transmuer l'uranium en baryum, et aussi en strontium, en yttrium. Le phénomène, baptisé « scission nucléaire », totalement inattendu en vertu des principes admis en la matière, avait surpris le monde entier et plongé aussitôt les unités de chimie spécialisées dans la fièvre atomique. À l'heure où Laura parlait, tous les laboratoires de la planète essayaient de reproduire l'expérience des chercheurs allemands, convaincus que la dislocation d'un noyau lourd en deux noyaux plus légers devait immanquablement s'accompagner d'une libération d'énergie colossale. La « scission nucléaire » avait déjà prouvé son caractère explosif, Lucien devait bien considérer que l'effervescence de la communauté scientifique ne répondait pas seulement à l'émulation naturelle des équipes de chercheurs entre elles, mais également à des impératifs de défense nationale.

« La course est lancée. Je suis devenue, dans les faits, l'esclave du gouvernement français », fit Laura en bâillant.

Lucien n'entravait pas grand-chose, en réalité, mais il venait au moins d'identifier un rival, cet atome d'uranium dont elle ne cessait de lui rebattre les oreilles. Jamais il n'aurait cru qu'une chose si infime, microscopique à ce qu'il comprenait, pût éveiller une flamme si extraordinaire dans les yeux d'une femme. Il lui demanda à quoi pouvait bien ressembler ce fameux atome à l'état sauvage. Laura évoqua les stocks de dioxyde d'uranium dont le laboratoire disposait en quantité, tant au Collège de France que dans les locaux annexes, à Ivry.

« Des cailloux jaunes et noirs, Joliot-Curie vient d'en commander cinq tonnes à l'Union minière du Haut-Katanga : la pechblende. Avec un e, mais ici on prononce "blinde". Littéralement : "la pierre qui porte malheur". Tu vois où va se loger la poésie de nos jours ? Je trouve très bien que tu te passionnes pour les livres, à nos âges ce n'est pas si fréquent, mais nous sommes en 1939, l'homme explore le monde de l'infiniment petit ; la vraie, la grande, l'ultime aventure de notre génération, selon moi, c'est l'atome. Sans doute, je tiens ça de mon éducation communiste. Je viens d'une famille de militants. Chez moi, on a foi en l'espèce humaine, on travaille à son épanouissement matériel de père en fille, par vocation. Les éléments radioactifs rencontrent d'ores et déjà de nombreuses applications médicales ; la maîtrise de la scission nucléaire ouvrira bientôt une ère nouvelle, celle d'une énergie gratuite pour tous, à profusion. Tu n'imagines pas les promesses que contient un morceau de pechblende.

– Je ne savais pas que l'esclavage rapportait tant que ça, par les temps qui courent », lâcha Lucien, piqué, en pointant du doigt le somptueux foulard que portait l'Italienne.

Laura défit la pièce de soie et la lui tendit. Lucien l'examina de plus près, sans comprendre où la jeune femme voulait en venir :

« C'est un carré Hermès, créé par la marque en 1937, confirma Lucien. Le tout premier modèle sorti des ateliers. Il y a un an, une rombière, l'épouse d'un client, nous a infligé un cours magistral. Je n'ose même pas imaginer ce qu'il a pu te coûter. »

Laura protesta que le gouvernement français ne se montrait pas si généreux, qu'elle devait se contenter de fabriquer des faux. Elle reprit le foulard des mains de

Lucien et, sur la ligne de jonction de l'orange et du noir, de son ongle, désigna de minuscules résidus de cire. Elle prétendit que les artisans de la maison Hermès ne pouvaient pas se permettre un tel amateurisme. Laura tenait la technique du batik de sa mère, un procédé d'impression des étoffes venu d'Afrique et d'Asie du Sud-Est. Elle maîtrisait l'art de couler la cire sur la soie, de passer ses couleurs directement au pinceau, à plusieurs reprises, pour saturer les teintes. Elle l'avait si bien perfectionné au fil des années qu'elle venait maintenant à bout de réalisations aux motifs aussi complexes que ce Jeu des omnibus et Dames blanches, inspiré du parcours traditionnel de l'oie sur ses cases. Lucien admira la sûreté de trait dans le dessin des chevaux, des calèches, et salua l'artiste en s'excusant d'avoir témoigné un esprit aussi vil. Laura révéla qu'elle se trouvait en réalité dans une situation précaire. Sa mère était morte deux ans auparavant. La jeune femme avait rejoint clandestinement la France peu après le décès, en compagnie d'Eugenio, son père. Ce dernier dirigeait d'importantes recherches à l'Institut de physique de Rome et savait pouvoir compter en France sur les réseaux et le soutien de Joliot-Curie. Laura était demeurée à Paris, rue des Écoles. Elle exerçait comme aide-laborantine dans l'équipe du Prix Nobel, tout en bûchant ses diplômes sur son temps libre, en théorie du moins. Eugenio occupait quant à lui un poste d'assistant de physique à la faculté de Clermont-Ferrand. Le père et la fille vivaient séparés, tant par mesure de sécurité que par l'arbitraire des affectations. La jeune femme bénéficiait d'une bourse universitaire de premier cycle, rien de bien folichon.

« À Rome, la situation était devenue intenable, la plupart des membres de l'équipe de mon père ont refusé de se soumettre aux objectifs militaires et ont dû prendre la route de l'exil. Avec la découverte de la scission, chacun s'est retrouvé face à ses responsabilités. Même Enrico Fermi, le chef de laboratoire, a fini par s'expatrier aux États-Unis, au début de janvier. »

Quelque temps plus tard, Lucien reçut la visite de Laura aux *Corps intermédiaires*. Édouard Mesens déjeunait en compagnie de quelques confrères. Lucien s'entretenait avec Jef, ainsi qu'il arrivait fréquemment aux heures creuses, quand la belle apparut sur le pas de la porte comme une matérialisation de la foudre. Elle portait une robe d'un jaune de Naples éclatant, semblait pomponnée de près, coiffée avec précision. Elle sentait bon. Un peu ému de la surprise, Lucien procéda au rituel des présentations.

« Je sors de la gadoue ! » s'exclama l'Italienne, toute guillerette.

Devant tant d'apprêt, les deux hommes se regardèrent, incrédules. La belle éclata de rire. Elle expliqua qu'il s'agissait là du nom que les techniciens de son équipe donnaient à la solution de nitrate d'uranyle dans laquelle ils réalisaient leurs expériences. Laura bénéficiait d'une journée de congé exceptionnel, décrétée par le grand manitou pour l'ensemble du personnel en récompense des avancées opérées par leur unité et des perspectives imminentes de brevets.

Jef se montra fort curieux lorsqu'il comprit que la laborantine s'occupait d'atomes. Il commença par s'enquérir de la nature des brevets en des termes dont la précision échappa globalement au jeune homme. Laura répondit avec naturel en évoquant les « neutrons surnuméraires », la « réaction en chaîne », ou encore les « forces d'échange neutron-proton intranucléaires ». Le philosophe parut se pénétrer de ses lumières avant de solliciter de nouveaux éclairs. Lucien ne semblait pas mesurer l'intérêt prodigieux que Jef Goldman portait à la conversation. Il ne pouvait s'empêcher de fixer sur la robe de Laura la courbe de son ventre, les mouvements légers de l'étoffe quand elle s'animait pour parler. Les «*forces d'échange*» : à se demander où les physiciens allaient pêcher leurs concepts.

Mesens revint à 15 heures ; Jef en profita pour s'éclipser. Le libraire bâillait à se décrocher la mâchoire et piquait du nez à intervalles réguliers, il ne tarda pas à envoyer les jeunes gens promener.

Dans les jardins du Sénat, au milieu des vastes allées où ils dérivaient sans but, une force invisible semblait s'exercer sur les amoureux et les tenir arrimés l'un à l'autre. Chacun faisait mine de garder les distances régulières, mais au bout de dix mètres, les hanches et les épaules revenaient se frôler, se heurter, s'entrechoquer parfois durement, comme si les corps en présence obéissaient à une gravité spécifique, un nouvel équilibre. Lucien avait la sensation très nette de tomber et de se rattraper sans cesse, dans une sorte de danse aux syncopes envoûtantes. Mutine, Laura lui décochait une vacherie, une tape sèche sur la fesse, avant de filer dans un sprint, pour qu'il se lance à sa poursuite. Elle se débattait avec énergie. Lucien s'émerveillait de sentir sous ses doigts son corps souple et vivant. Laura, cependant, finissait toujours par se dégager rapidement.

Ils trouvèrent un banc libre non loin de l'entrée Guynemer, à l'abri d'un bosquet. Lucien ne se rappelait même plus la dernière fois où il avait couru de la sorte. L'herbe à ses pieds paraissait gorgée de minuscules flaques de lumière, elle dégageait une odeur fraîche et sucrée. Il faisait bon. Les jeunes gens se regardèrent longuement, les yeux dans les yeux, le souffle court, sans un mot. Ils échangèrent ainsi quelques promesses et conversèrent à voix haute du reste. Ils commentèrent les événements de Tchécoslovaquie, la violation récente des accords de Munich par Hitler. Ils ne trouvèrent pas de mots assez durs pour stigmatiser la corruption générale, ni le cynisme en vigueur dans le monde des adultes.

Lucien détailla quelques-unes des pratiques douteuses qui avaient cours dans sa partie.

« Tu n'espérais quand même pas t'en tirer sans mettre les mains dans le cambouis ? » commenta Laura, pleine de bon sens.

Ils évoquèrent alors les morts, les engagements politiques de leurs parents, l'idéologie généreuse à laquelle tous les deux devaient de se retrouver orphelins. Ils se découvrirent avec entrain des goûts communs, des chansons, des lectures, et nombre d'anecdotes familiales aux similitudes foudroyantes. Ils évoquèrent Sacco et Vanzetti, Rosa Luxembourg ; Lucien prononça le nom de Paul Lafargue, Laura avait tout lu d'Antonio Gramsci. Ils entonnèrent à tue-tête les couplets du *Chant des partisans* et enchaînèrent avec ceux de *L'Internationale*, chacun dans sa langue, à tour de rôle. Ils y mirent tant de cœur, qu'ils finirent par rameuter l'uniforme.

Lucien regagna la boutique à l'heure de la fermeture. Mesens se garda de lui en faire reproche. Tout juste esquissa-t-il un clin d'œil ironique en notant que le jeune homme peaufinait ses allures de poète. En vérité, depuis le début de l'année, le commerce tournait au ralenti : Mesens lui lâchait la bride. Il paraissait satisfait de constater que la connaissance intime des affres du métier n'avait pas entamé la mentalité du jeune homme. Il considérait avec intérêt la spécialisation de ses qualités manuelles ; il les jugeait encore en deçà des standards de sa clientèle, mais l'encourageait maintenant à un perfectionnement rapide. Aussi décréta-t-il que l'apprenti serait quitte de ses après-midi à la librairie à compter du premier jour de juin et jusqu'à la fin du mois.

Lucien profita de l'aubaine pour s'établir chez la Taupe. À l'atelier, il avait l'impression d'apprendre sans effort, par infusion. Il appréciait que le relieur ne se sentît pas tenu de faire des phrases. Au fil des mois, le respect pour l'artiste s'était du reste renforcé d'une affection mutuelle. À titre de pension complète, il fut convenu que Lucien suppléerait chaque jour le restaurateur dans ses tâches les moins sophistiquées et l'assisterait dans les autres, en toute docilité. Le soir, le jeune homme pouvait ainsi se former auprès de la Taupe tout en guettant Laura pendant des heures, depuis la fenêtre. À peine se montrait-elle, l'apprenti dévalait l'escalier quatre à quatre. La nuit, il s'endormait sur un matelas tiré à même le sol, le lapin allongé à ses pieds, la tête encore pleine du souvenir et du bruit des baisers.

Afin d'égayer les soirées, la Taupe invitait fréquemment Monny à dîner. Les trois hommes débarrassaient la table en vitesse, tiraient une nappe à peu près propre et s'installaient pour partager un repas froid. Monny buvait du vin de Hongrie, la Taupe roulait son kif. Lucien écoutait les vieux débloquer, ravi, jusque tard dans la nuit. Plus Monny s'enfonçait dans ses phrases et les profondeurs du canapé, plus sa voix devenait grave et son accent épais. Il lui arrivait d'oublier tout son français. Il se mettait alors à déclamer ses propres poèmes en langue serbe avec des accents d'outre-tombe, dont Lucien éprouvait, dans les tripes, les vibrations physiques. Il imaginait François Villon récitant sa « Ballade » du fond de la fosse commune.

Un soir de la fin juin, un peu plus noir qu'à l'habitude, Monny mit au défi le restaurateur d'entrouvrir au novice le saint des saints. La Taupe déclina la responsabilité, arguant qu'il avait trop d'amitié pour Lucien. Monny s'extirpa des coussins en soufflant comme un buffle, puis se dirigea vers la pièce qui servait de chambre à la Taupe. Sur le mur à gauche, juste avant la porte, il fit coulisser la vitrine d'une bibliothèque dont les verres étaient recouverts de papier kraft.

« Que peux-tu nous raconter à propos de ces reliures ? » fanfaronna Monny, théâtral, en faisant claquer deux vélins sur la table, au milieu des pelures de melon.

Il s'agissait de l'édition originale de la *Justine* de Sade et de celle des *Mystères de Paris*. Lucien examina les volumes sous toutes les coutures, sans omettre aucun des points de vérification. Du coin de l'œil, il épiait les réactions de la Taupe, qui, par de grands gestes, feignait de se désintéresser du sujet. Lucien décida de se lancer :

« Artisanat français, première moitié du XIXe. Les

manières des relieurs présentent des différences, néanmoins le cuir des deux reliures provient de la même espèce animale. Il paraît solide, mais je le trouve trop épais et grené pour du veau ou du chat. Par ailleurs, l'écusson sur le premier plat du Sade, ce petit relief, me semble caractéristique d'un mamelon. Je risquerais donc : de la peau de truie.

– Costaud le gamin ! » approuva Monny avec un sifflement admiratif.

Puis il tendit à Lucien un in-octavo qu'il gardait sous le coude, pour la bonne bouche : *Le Ciel et la Terre* de Camille Flammarion. Une reliure magnifiquement exécutée dans le même cuir, avec des tranches de couleur rouge parsemées d'étoiles scintillantes. Sur le premier plat de la reliure, on pouvait lire, gravé en lettres dorées : « Souvenir d'une morte ». À l'intérieur, Lucien découvrit une lettre autographe adressée à l'auteur de l'ouvrage par un médecin du Jura : « Cher Maître, j'accomplis ici le vœu d'une femme qui vous a toujours aimé. Elle m'a fait jurer de vous faire parvenir, le lendemain de son décès, la peau de ses belles épaules que vous avez si fort admirées "le soir des adieux", a-t-elle dit, et son désir est que vous fassiez relier dans cette peau le premier exemplaire du premier ouvrage de vous qui sera publié après sa mort. Je vous transmets, cher Maître, cette relique comme j'ai juré de le faire. »

« Voilà ce que la Taupe collectionne en loucedé, s'exclama Monny, des reliures en peau de bonne femme ! Si tu cherches des détails, dans le volume qui cause des étoiles, tu peux même trouver la lettre du tanneur qui a effectué le travail ! »

5

Le 14 juillet

Extrait de *L'Humanité,* samedi 12 janvier 1924 :

Violentes bagarres au meeting de la Grange-aux-Belles,
hier soir dans le Xe arrondissement de Paris
Des coups de revolver ont fait de nombreux blessés

UN CRIME CONTRE LE PROLÉTARIAT

Il y a un an, les troupes à la solde du Comité des forges, les soudards de Poincaré, envahissaient la Ruhr, en même temps que les militants du Parti et de la CGT unitaire étaient embastillés à la prison de la Santé. Hier soir, le Parti communiste français avait tenu à convier le prolétariat parisien rue de la Grange-aux-Belles, afin d'élever une protestation véhémente contre les conséquences économiques d'une telle politique : famine en Allemagne, vie chère en France. Contre Poincaré, contre le capitalisme, la manifestation de l'unité du mouvement ouvrier était nécessaire. Elle a eu lieu.

Cachin et moi, nous avons pu dire l'essentiel ; et à l'exception d'une quarantaine de saboteurs, trois mille prolétaires ont approuvé avec enthousiasme l'action du Parti communiste et de la CGT unitaire. À diverses reprises, le petit groupe d'anarchistes qui répondaient aux appels provocateurs publiés dans Le Libertaire *a tenté de saborder le meeting. À coups de sifflet, à coups de bouteilles, de projectiles de fonte, les enragés ont voulu terroriser l'assemblée. Les trois mille prolétaires présents dans la salle leur ont répondu aux cris de :* « Vive la Russie ! Vivent les Soviets ! À bas l'anarchie ! » *Comme je me tournais vers le groupuscule anarchiste en l'accusant d'exercer une dictature intolérable sur le prolétariat, l'auditoire ouvrier s'est manifesté en leur criant :* « Dictateurs ! Dictateurs ! » *Alors, du groupe anarchiste, plusieurs coups de revolver sont partis en direction de la tribune. On déplore une dizaine de blessés : on craint, à l'heure où j'écris, des suites mortelles. Quels que soient nos désaccords, nous nous refusons à croire que des anarchistes aient pu perpétrer un tel crime en conscience. Nous préférons admettre que des agents provocateurs se sont glissés parmi eux. Les anarchistes ont le devoir impérieux d'épurer leurs milieux.*

Le crime d'hier soir s'unit, en ce 11 janvier 1924, aux crimes de la bourgeoisie pour frapper le prolétariat. Le Parti s'incline devant toutes les victimes : les prolétaires affamés d'Allemagne, les tués d'Essen, les blessés, et peut-être les morts de la Grange-aux-Belles.

Albert Treint

COMMENT LA FUSILLADE S'EST PRODUITE

Treint a entamé son discours en déclarant qu'on n'entendrait de lui que des paroles d'appel à l'union des forces prolétariennes. Tandis qu'il dégageait les leçons de l'occupation de la Ruhr, les protestataires massés au coin gauche de la salle, au pied de la tribune, ont cherché à renouveler le tumulte. Notre camarade s'est alors écrié : « Vous nous accusez d'être des dictateurs. Mais, en matière politique, il faut être pragmatique, les véritables dictateurs sont ceux qui s'assoient sur la liberté de parole. » *Et il martèle plusieurs fois :* « Dictateurs ! Dictateurs ! » *Il n'achève pas. Du côté des perturbateurs, un coup de feu part en direction des orateurs. Un camarade s'affaisse dans une mare de sang. Une véritable fusillade crépite. D'autres camarades tombent. Des cris partent de tous côtés. Des femmes tournent de l'œil. C'est l'affolement. Les bancs sont renversés. La salle se vide. Les militants s'empressent autour des blessés. Le sang rougit le plancher de cette salle où tant de camarades se sont jadis assemblés dans une union fraternelle.*

LES BLESSÉS

Une dizaine de blessés reçoivent les premiers soins à la clinique. Les moins atteints ont regagné leur domicile. Les plus grièvement blessés – quatre – ont été dirigés vers l'hôpital Saint-Louis, où ils ont été admis en urgence. Trois, notamment, sont dans un état particulièrement critique. L'un a reçu une balle dans l'abdomen. Un autre une balle au cou. Un troisième une balle dans la tête. À l'hôpital Saint-Louis où nous nous sommes rendus, de nombreux agents de police stationnaient devant la porte. Au bureau des admissions, on nous donne le nom des blessés qu'il a fallu soigner d'urgence :

Lucien Poncet, dit Lévêque, 28, rue d'Algérie ;

Charles Mannequin, des transports en commun, domicilié à Neuilly-Plaisance ;

Nicolas Delacroix, ajusteur-mécanicien, 126, rue du Chemin-Vert

Gontière, conseiller prud'homme, 17, rue Myrha.

*

Extrait de *L'Humanité,* dimanche 13 janvier 1924 :

LE MEETING SANGLANT A COÛTÉ LA VIE
À DEUX TRAVAILLEURS,
L'UN COMMUNISTE, L'AUTRE ANARCHISTE

LES MORTS

Ainsi que nous l'avons annoncé dans notre deuxième édition d'hier, deux camarades ont trouvé la mort à la suite des bagarres sanglantes de la Grange-aux-Belles. Ces deux cama-

rades se nomment Nicolas Delacroix, ajusteur-mécanicien, et Poncet, dit Lévêque, plombier-couvreur. Voici les renseignements que nous avons pu recueillir sur eux :

Nicolas Delacroix

Nicolas Delacroix, ajusteur-mécanicien, domicilié 126, rue du Chemin-Vert, a reçu une balle à la tête et deux dans le ventre. Sa femme, terriblement inquiète de ne pas le voir rentrer après le meeting, s'est enquise auprès des amis de son mari – des communistes – de ce qu'il avait pu devenir. L'un d'eux lui a conseillé de se rendre à l'hôpital Saint-Louis où, gravement blessé, son époux avait été transporté. Là, elle a appris l'affreuse nouvelle. Nous avons pu voir un camarade d'atelier de Delacroix, qui travaillait avec lui à la maison de machines-outils Lapipe et Wittmann, 30, rue Saint-Fargeau. Auparavant, Delacroix était employé aux usines Renault. Douloureusement ému, ce camarade nous a dit en quelle estime Delacroix était tenu par tous ceux qui l'approchaient. C'était un garçon grand et fort, qui mesurait environ un mètre quatre-vingts. Il avait vingt-cinq ans, une jeune épouse et un enfant en bas âge.

« Était-il anarchiste ? *interrogeons-nous.*

– Nullement ! Il faisait corps tout entier avec le Parti communiste. Son père était lui-même un militant connu du Parti socialiste. Depuis deux ans que je fraye avec Delacroix, je ne l'ai jamais vu lire d'autre journal que *L'Humanité*. C'est avec lui que je me suis rendu à la réunion de vendredi. Après avoir vu l'attitude agressive et menaçante des anarchistes, je lui ai conseillé de s'en aller, faisant valoir qu'il n'y avait rien de bon à récolter là. Il m'a dit qu'il resterait. Adossé à la tribune, il fumait placidement sa cigarette, ne paraissait nullement s'émouvoir des criailleries des libertaires. Ne pouvant l'emmener, je me suis dissimulé derrière la tribune. Depuis, je n'ai plus revu mon ami. »

Delacroix appartenait au Syndicat unitaire des métaux.

Poncet

Poncet, dit Lévêque, exerçait la profession de plombier-couvreur. Ses amis l'appelaient « le Gros ». C'était un camarade de Charbonneau, secrétaire du SU Bâtiment, un « syndicaliste libertaire »*, nous ont affirmé sa compagne et un anarchiste de ses amis qui était chez lui au moment où nous y sommes allés. Le renseignement est sûr, car le beau-frère de Lévêque est communiste et ils discutaient souvent ensemble. Poncet a eu la carotide tranchée à la hauteur du cou.*

De notre envoyé spécial

*

« Monsieur Delacroix, quel honneur, je ne savais pas que je sortais avec le fils d'un héros communiste », s'exclama Laura, comme elle achevait la lecture des coupures de presse que venait de produire Lucien. Elle replia les feuillets avec soin, proposa obligeamment de remiser les documents dans son sac. La jeune femme tripota un relief de sandwich, avant de poursuivre : « Ma mère, elle, s'est suicidée le 21 janvier 1937, mais elle ne vivait déjà plus depuis des années, depuis que l'État fasciste lui avait interdit d'enseigner. Tu vois, Lucien, les parents meurent toujours trop jeunes pour répondre aux questions qu'on ne leur a pas posées. On a beau gratter la terre, elle digère tous les secrets. Alors, l'un et l'autre, nous avons commencé à chercher ailleurs : moi dans les molécules, toi dans les livres, une vérité qui nous concerne et nous aide à vivre.

– Je n'ai jamais pu m'en tenir à la version officielle de la mort de mon père, approuva Lucien. Du reste, les assassins n'ont toujours pas été arrêtés, ni même inquiétés. Le Parti s'est fendu de funérailles quasi nationales, dans le genre des obsèques de Victor Hugo. Le corbillard a roulé au pas sous la pluie pendant des kilomètres, de la rue du Chemin-Vert jusqu'au cimetière d'Ivry. Le cortège comptait un millier de militants, à ce qu'on m'a dit. Ma mère et le grand-père m'ont assuré que dans les rangs, le jour de l'enterrement, la rumeur désignait deux agents infiltrés de la police du Xe arrondissement comme responsables du massacre. Les perdreaux ont défilé chez nous pendant quelques semaines, par pure routine, puis ils ont très vite renoncé à l'enquête. Je n'ai aucun souvenir précis de l'époque, je n'avais pas deux ans, mais j'ai gardé de l'enfance une peur irraisonnée de l'uniforme. »

Le jeune homme leva les yeux sur l'horloge, puis esquissa un petit geste au serveur pour réclamer la note.

Laura et lui s'étaient donné rendez-vous devant le Grand Palais le matin même, à 9 heures, afin d'assister aux cérémonies du 14 Juillet qui, en cette année de commémorations, s'annonçaient grandioses. Le pays célébrait le cent cinquantième anniversaire de la prise de la Bastille. Depuis la veille, les quartiers huppés de la capitale pavoisaient aux couleurs franco-britanniques. L'Angleterre dépêchait ses troupes à Paris, afin d'appuyer la démonstration de force des démocraties à l'intention des dictateurs de l'Axe. Après Munich et le dépeçage de la Tchécoslovaquie, les jeunes gens se gaussaient de pareilles rodomontades, mais Laura ne voulait pour rien au monde manquer le spectacle. Lucien, quant à lui, l'aurait suivie jusqu'au Tabernacle. Elle n'avait pas été déçue : trente mille soldats, trois mille cinq cents chevaux, six cents véhicules, trois cent cinquante chars, automitrailleuses, cent vingt pièces d'artillerie leur étaient littéralement passés sur les tripes, par le pavé, au petit trot, pendant que trois cent cinquante avions envahissaient le ciel des Champs-Élysées pour leur vriller le cou. Parmi les hommes, les détachements de gardes anglais, écossais, gallois et irlandais avaient été particulièrement applaudis, mais largement surclassés par les bataillons de la « Force noire » et les fanfares de la nouba. Des troupes coloniales, les tirailleurs sénégalais s'étaient d'ailleurs adjugé la palme, et de loin. Il se murmurait qu'Hitler lui-même les craignait depuis les années vingt. À leur approche, la foule s'était prise d'une ferveur soudaine pour l'indigène sous le coup d'une révélation : les gens tapaient du pied sur le pavé, les cris retentissaient de toutes parts, transfiguraient les visages. Il avait même fallu évacuer quelques grosses dames évanouies dans leurs habits du dimanche. Pour faire pièce à ce patriotisme dégoulinant, Laura et Lucien s'étaient promis d'aller manifester après le déjeuner aux côtés du prolétariat, aux cris de « Halte au fascisme, halte à la trahison ».

Ils quittèrent la brasserie des Champs-Élysées peu après 14 heures, direction la Bastille. Le long du fleuve, non loin de la place du Châtelet, ils aperçurent les animaleries du quai de la Mégisserie. Laura proposa la visite. Elle tenait à s'attirer les bonnes grâces de Zonzon et entendait profiter de l'occasion pour lui acheter une friandise. Le choix des deux premières boutiques se révéla décevant : chats, chiens, lapins s'avéraient beaucoup moins amusants que les clients qui s'oubliaient à leur contact. Dans la troisième échoppe, les jeunes gens repérèrent un large choix de reptiles. Laura adressa un sourire à Lucien, rajusta son foulard, les épaules de sa robe, et s'élança d'un pas résolu entre les cages, la main à hauteur de la joue, paume ouverte en direction du plafond.

« Très cher, lequel de ces animaux vous ferait-il plaisir ? » interrogea-t-elle en affectant l'accent impérial des natives de la paroisse Sainte-Clotilde.

Un vendeur s'empressa aussitôt de fournir tous renseignements utiles sur cette marchandise de prestige. Laura l'interrogea par le menu au sujet d'un petit iguane. Elle voulait en connaître la taille exacte et le poids, la vivacité de comportement en cas d'agression. Le commerçant répondit avec obséquiosité à toutes les questions.

« Vous nous avez convaincus, mon mari et moi, nous le prenons, s'exclama Laura en conclusion. Je pensais le cuisiner ce soir, j'imagine que vous vendez, avec, des livres de recettes ? » Elle était folle, elle était belle : le profil de la femme idéale.

Ils traversèrent la Seine pour rejoindre le quai de Corse. Ils gagnèrent le paradis des fleurs et le marché aux oiseaux. Place Louis-Lépine, devant les perroquets, Laura raconta l'histoire de ce roi qui les collectionnait par milliers, ainsi que des nestors, des mainates, des cacatoès, et toutes sortes de parleurs. Le monarque se faisait une spécialité d'enseigner aux oiseaux l'art de la répartie. Il corsait ses leçons de quelques éléments d'un parler fort vulgaire et, quand avaient lieu d'importantes tractations, il faisait disposer sur la table la gloriette où nichaient ses champions. Aux moments de grande tension, il pouvait compter sur la volaille et ses saillies ordurières pour déstabiliser l'adversaire et arracher des traités léonins. Des plus fins diplomates, il faisait prendre des moulages de plâtre et couler des statues de cire, dont il décorait ensuite les couloirs du palais. Lucien l'écoutait, émerveillé, sans jamais douter du vrai dans la fable. Laura appelait toutes les fleurs par leur nom : un signe. Ensemble, sans le savoir, ils avaient cessé de vieillir.

À 17 h 15, ils décrétèrent qu'il n'était plus temps de prendre la Bastille ; ils se rendirent en métro jusqu'au Trocadéro. Les terrasses du palais de Chaillot accueillaient la Fête de l'unité de l'empire français, puis celle des provinces, à partir de 19 heures. La première partie du programme fut largement perturbée par l'orage, exception faite du discours de Daladier, miraculeusement épargné ; mais ensuite, les jeunes gens purent s'empiffrer de crêpes, se gonfler de cidre et danser dans les jardins au son d'un orchestre de fest-noz.

Le feu d'artifice démarra à 22 heures précises, juste de l'autre côté de la Seine, au-dessus de la tour Eiffel. Après le bouquet final, les deux adolescents cheminèrent jusqu'à l'Arc de triomphe, par l'avenue Kléber, puis descendirent les Champs-Élysées à la recherche d'un bal populaire. Mais ils ne croisèrent que des cracheurs de feu et des passants pressés de quitter les lieux.

Peu avant minuit, à deux cents mètres de l'hôtel d'Espeyran, Laura pria Lucien de l'attendre sur le trottoir, avant de disparaître dans un bar. Elle en ressortit quelques minutes plus tard.

« Pour guincher, nous avons le choix entre la rue de Rennes, la place du Châtelet, l'Hôtel de Ville... Ou bien alors, on peut aller rue d'Alésia, chez moi, à pied, j'ai envie de marcher », proposa l'Italienne d'un ton enjoué.

Lucien fit mine de l'enlacer et, d'un geste vif, empoigna le flacon de verre qu'elle dissimulait dans son dos. La bouteille était pleine d'un liquide transparent, elle ne portait pas d'étiquette.

« Du raide : pour la traversée du désert ! » annonça Laura avec un air de triomphe.

Elle voyait juste. Passé les illuminations du Grand Palais, spécialement ordonnées à l'occasion de la fête nationale, et le pont Alexandre-III sur la Seine, Paris se transformait en steppe à partir de l'esplanade des Invalides, puis en grand reg jusqu'au métro Duroc. Ni hommes ni bêtes ; nulle oasis. La soif dans cet environnement prenait un tour métaphysique. Boulevard du Montparnasse, la civilisation retrouvait enfin ses droits. Les gargotes s'agitaient encore, le populo dansait le fox-trot, bramait à droite, à gauche. Lucien se sentait proche de l'état d'apesanteur, il devenait loquace sous l'effet de l'alcool. Il développait une conception de l'amour comme champ unique de l'expérience du sacré. Il exposait à Laura ses théories superfines, quand il se fit accoster devant *La Liberté*, le café en face de la station Edgar-Quinet.

« Bla bla bla ! Viens plutôt ici que j't'éponge, mon mignon ! On m'appelle Mistinguett, je suis ton jour de fête ! » l'interrompit une créature, la bouche en cœur. Une serveuse montante, à peine fardée, une authentique beauté « La demoiselle peut venir mater, si ça lui plaît, je garantis le souvenir de qualité », ajouta la professionnelle, conciliante.

Laura saisit le bras de Lucien et l'entraîna en courant dans la rue de la Gaîté. Après quelques foulées, elle obliqua à gauche. La voie était sans issue. Au bout de l'impasse, ils s'engagèrent dans un vaste hangar qui demeurait ouvert, un ancien dépôt de fourrage reconverti en parking. Ils gravirent le plan incliné jusqu'à l'étage, s'accroupirent derrière le coffre d'une Panhard. Personne ne les avait suivis. Ils s'octroyèrent une rasade de gnôle. L'obscurité régnait dans le hangar. Sur le mur du fond, les regards étaient dépourvus de fenêtres et de barreaux. Larges et hauts, ils dominaient une sorte de cul-de-basse-fosse délimité au nord par la façade arrière du garage lui-même et au sud par l'enceinte du cimetière Montparnasse. Entre les deux, un figuier permettait de franchir par étapes la distance de trois mètres. Lucien se risqua le premier ; il se faufila sans encombre à travers le regard, enjamba le vide et assura avec soin ses appuis pour aider Laura à se hisser jusqu'à l'arbre.

Ils grimpèrent ensuite sur le mur du cimetière, parcoururent en équilibre une quinzaine de mètres vers la gauche, sautèrent sur le toit d'un mausolée. Lucien s'agenouilla, agrippa la corniche à deux mains et se laissa tomber. Il tendit alors les bras pour accueillir Laura, qui atterrit pile contre sa bouche.

La jeune femme réclama à Lucien son couteau et une boîte d'allumettes. Sans un mot, elle pratiqua une incision dans l'œillet du dernier bouton de sa robe et, d'un geste vif, arracha du vêtement un ourlet de coton de huit centimètres de large. Elle enroula patiemment la bande de tissu au bout d'un manche de binette, le noua, l'imbiba d'alcool et alluma le feu. Elle trouva ce qu'elle cherchait après une quinzaine de mètres à peine, au bord de l'allée. Elle posa la torche en appui sur une stèle et saisit le visage de Lucien afin qu'il prenne le temps de déchiffrer : « Jacques Aupick, général de division, sénateur… Charles Baudelaire son beau-fils, décédé à Paris à l'âge de 46 ans le 31 août 1867, Caroline Archenbault Defayes veuve en première noces de M. Joseph François Baudelaire ».

Pendant quelques instants, les deux amoureux se tinrent debout sur la dalle de marbre, les bras ballants, face à face. Alors, Laura empoigna les mains de Lucien, les posa sur ses seins, en appuyant fort. Après quelques instants à peine, elle se dégagea de l'étreinte et se retourna soudain. Elle retroussa le pan de sa robe, le coinça dans la ceinture, fit glisser sa culotte. Enfin, les deux bras en appui contre le monument funéraire du sénateur Sapey, la jeune femme écarta les jambes puis tendit son cul vers la flamme :

« C'est ici que tout commence. Maintenant, viens. »

Deuxième partie

LE TEMPS DES ASSASSINS

« La réalité étant trop épineuse pour mon grand caractère… »

Arthur Rimbaud

1

Éden, éden, éden

« La Victoire, nous sommes en droit de la réclamer à Dieu. Nous lui demandons cette victoire parce que nous luttons non pas pour de l'argent, ou pour une quelconque puissance temporelle, mais pour garder au monde les valeurs spirituelles sans lesquelles il n'y a pas de raison de se lever. Nous et nos alliés, nous sommes avec Dieu, du côté du Bien. Nos adversaires sont du côté du Mal et ils ne s'en cachent pas. Nous avons en face de nous une barbarie, une cruauté perverse dont il n'y a pas d'exemple dans la mémoire des hommes. Malgré tout, nous gardons une foi indélébile dans le succès final. Aujourd'hui, la conscience universelle se réveille et proteste : saints de France, accordez au pays et à ses alliés le triomphe, pour que, bientôt, nous puissions venir chanter, dans le sanctuaire national, le Te Deum de la victoire. »

Dans les haut-parleurs installés sur le parvis pour l'occasion, monseigneur Beaussart, le prédicateur, continuait à débloquer à pleins poumons. Lucien en restait comme deux ronds de flan. En coupant par le pont d'Arcole pour attraper la rue Saint-Jacques, un dimanche après-midi, il n'imaginait pas que des dizaines de milliers de catholiques se seraient donné rendez-vous devant Notre-Dame. Sedan venait de céder ; la route de Paris s'ouvrait sans plus d'obstacles aux Allemands : en ce 19 mai 1940, jour sombre de l'histoire de France, un peuple tout entier semblait s'en remettre aux vertus de la prière. Immobile et bruissant, le rassemblement recouvrait l'intégralité de la place et débordait même au-delà, sur la rue de la Cité et le Petit-Pont. Épouses et mères, enfants, jeunes gens, vieillards, tous se tenaient épaule contre épaule, visage tourné vers le ciel, les yeux mouillés de larmes, comme des suppliants. Les rares hommes présents au sein de cette société étaient des gueules cassées ou des éclopés de la Grande Guerre, mais en laissant traîner l'oreille, Lucien réalisa que la moitié du gouvernement assistait également à la messe : Paul Reynaud, président du Conseil ; Édouard Daladier, ministre de la Défense nationale ; César Campinchi, de la Marine militaire ; Louis Marin, Louis Rollin, Jean Ybarnégaray, Paul Baudouin…, sans oublier de nombreux parlementaires, les conseillers municipaux de la Ville de Paris, les membres des corps diplomatiques et les ambassadeurs des États-Unis, d'Angleterre, de Norvège, de Belgique, de Pologne, les sept mille places de la nef avaient été prises d'assaut dès le début de la matinée.

« C'est dans ces moments qu'on sent le mieux vibrer l'âme d'un peuple », constata Lucien en cherchant un endroit où lâcher son glaviot. Autour de lui, la nasse des troncs s'était resserrée aussitôt. Il ne voyait plus ses souliers. Comme le prêche semblait marquer une pause, le jeune homme se trouva emporté par un mouvement de foule, une vague d'une puissance irrépressible qui le souleva de terre et manqua le faire basculer. Les femmes agrippèrent leur progéniture, la hissèrent à hauteur de poitrine, sur les épaules, en vitesse, de peur que les gnomes ne succombent dans une marée de fesses. Au pied du portail de la basilique, cause du regain de ferveur, une procession commençait à s'ébranler à la suite du saint étendard : celui de Jeanne d'Arc. Tous autour de Lucien se mirent à entonner les litanies, pendant que le prédicateur reprenait son homélie et accentuait la puissance, pour conclure en apothéose :

« Notre Dame de Paris, nous remettons notre confiance en vous ! Saint Michel, guidez-nous dans la bataille ! Saint Denis, défendez la France ! Saint Louis, conseillez ceux qui nous gouvernent ! Saint Rémy, conservez à la France la foi de son baptême ! Sainte Geneviève, protégez la France et Paris ! Sainte Jeanne d'Arc, épaulez nos soldats et conduisez-nous à la victoire ! Saints et saintes de France, nous avons foi en vous ! »

Lucien ne s'était jamais senti à l'aise avec les gens qui revendiquent une religion, même de manière discrète.

Quant à ceux qui s'apprêtaient à défiler derrière des reliques, ceux-là venaient d'un autre âge. Au fond de lui, il le reconnaissait volontiers, le jeune homme ne pouvait s'empêcher de considérer le croyant comme un être incomplet. Il éprouvait une forme de gêne chaque fois qu'il entendait des personnes intelligentes parler des religions comme de réalités autonomes, tombées du ciel, telles quelles, en droite ligne de Dieu. Il se butait dans une rage sourde quand un individu de bonne foi s'offusquait de les envisager pour ce qu'elles étaient : des créations humaines. En réalité, sur ces sujets, en temps de paix, il n'était déjà guère possible de s'exprimer. Lucien se rappelait les discussions avec Jef Goldman, un an et demi auparavant, les réactions indignées des passants qui parasitaient leurs échanges. Le philosophe affirmait que la question de Dieu ne se pose pas en termes d'être, ni d'existence, mais d'avoir. Il expliquait que l'essence du sentiment religieux tel qu'il se manifeste chez le plus religieux des peuples d'Europe, à savoir le sicilien, cette essence s'attache au premier chef à la peur de perdre le peu dont le fidèle se croit propriétaire : l'honneur, le travail, la femme, la fille, la maison. Selon Jef, le lien qui unit la religion et la propriété n'a rien d'accidentel : il s'agit, dans les deux cas, non pas du simple rapport d'un individu à une entité idéale, ou matérielle, mais aussi, et avant tout, de la reconnaissance de ce rapport par d'autres individus. Lucien se rappelait la tête des bourgeois dans les jardins du Luxembourg, alors que le philosophe martelait à voix haute : « On ne doit pas dire : “Dieu *est*” ou “Dieu *existe*”, mais : “Nous *avons* Dieu pour les coups durs.” » Lucien estima que Jef se ferait lyncher s’il exposait à présent sa doctrine en public, et pas seulement sur le parvis de Notre-Dame, dans cette ambiance de fin du monde. Depuis la déclaration de guerre, en effet, le pays honorait le cureton : les évêques et tout le saint-frusquin de la hiérarchie épiscopale, à chaque manifestation laïque organisée par le gouvernement. À Paris, en province, la République bâtissait et réhabilitait des églises par centaines, aux frais des contribuables, comme si, au plus haut sommet de l’État, on s’était rendu compte, un beau jour, qu’il en manquait tant, à tel et tel endroit du paysage. Sur le front, on racontait que la catéchèse diffusait à plein rendement. À lire les journaux, huit soldats mobilisés sur dix arboraient désormais la médaille de la Vierge, enfilée à leur bracelet militaire. Lucien repensa au défilé du 14 Juillet, l’année précédente, à l’engouement factice de cette foule qui était venue célébrer la victoire, avant même d’avoir livré bataille. Il paraissait loin, le goût de la vérité, le goût de la liberté que le monde enviait naguère à la France.

Lucien résista avec difficulté au maelström humain qui le portait vers la Sainte-Chapelle. Il parvint à se dégager de la masse en jouant des coudes et gagna le pont au Double par le chemin le plus court. Parvenu au croisement de Saint-Jacques et de la rue des Écoles, place Marcelin-Berthelot, le jeune homme aperçut deux camions militaires stationnés devant l'entrée du Collège de France. En approchant, il en repéra trois autres garés à la file dans la venelle qui longeait le bâtiment, flanc gauche. De solides véhicules de trois tonnes cinq au toit bâché, tout juste usinés de la fabrique de Louis Renault. Lucien avança jusqu'à la porte latérale de l'établissement, se dissimula entre deux camions et observa le mouvement : une dizaine d'hommes s'activaient à transbahuter du matériel scientifique. Ils opéraient en binômes pour hisser les caisses et les bidons à hauteur de hayon et calaient ensuite le chargement à l'aide de cordes et de chiffons, avec d'infinies précautions. Lucien s'assura que les Renault appartenaient bien à l'armée française, cependant, aucun des membres du commando ne portait l'uniforme. Il imagina aussitôt une mission secrète. Parmi les déménageurs, il reconnut le physicien qui s'intéressait à Laura, Lew Kowarski. Il supervisait les opérations et parut contrarié de voir débarquer le garçon.

« Y a-t-il quelque chose que je puisse faire pour vous aider ? » demanda Lucien avec sollicitude, appliquant à la lettre les préceptes de son patron, sous la rubrique « De la fausse innocence commerciale ».

Ainsi, pendant près de deux heures, sans poser la moindre question, le jeune libraire concourut de ses efforts à l'expédition de la besogne. Les caisses de plomb, de loin les plus nombreuses, pesaient un âne mort. Lors de mouvements mal synchronisés, Lucien sentait le contenu des boîtes donner contre le métal des parois, dans un bruit mat. Il ne tarda pas à soupçonner qu'il devait s'agir des fameux cailloux de pechblende. Il se souvenait que le Collège attendait tout un stock de l'Union minière du Haut-Katanga. Il imagina que les fûts étaient pleins de « gadoue » et se félicita tout du long de porter, de ses bras, ce que les Allemands n'auraient pas.

À 17 h 45, le convoi s'apprêtait à démarrer quand Lew Kowarski le chargea de transmettre ses adieux à Laura. Il lui était défendu de dévoiler la destination du convoi. Le physicien allait poursuivre la tâche ailleurs, en conservant le cap que le laboratoire s'était fixé, il reviendrait à Paris le conflit remporté. Il paraissait ému, sincèrement peiné de devoir tout plaquer. Lucien regarda la colonne de camions s'éloigner vers le sud, en direction des Fossés-Saint-Bernard. Il se prit à siffloter : un rival venait de quitter la place.

Il passa la soirée chez Laura, rue d'Alésia, lui fit le récit de ses exploits. Puis il la pressa de répondre à chacune des questions qu'il s'était interdit de poser dans l'après-midi à Lew Kowarski. La jeune femme confirma, sans doute possible, que Lucien avait pris part au sauvetage du trésor de guerre de la physique française : l'oxyde d'uranium, entre autres, ordinairement conditionné dans du plomb, et le radium. En revanche, la « gadoue » ne présentait pas un intérêt tel qu'on ne pût l'abandonner aux Allemands. Les bidons qu'il avait chargés dans les camions renfermaient les cent quatre-vingts litres d'eau lourde reçus au Collège de France, en provenance de Norvège. Selon Laura, il s'agissait du stock mondial dans sa totalité. *L'eau lourde.* Lucien l'associa aussitôt à la « flache » de Rimbaud, « noire et froide ». La jeune femme lui apprit qu'il s'agissait d'oxyde de deutérium et tenta de démêler pour lui le pourquoi du comment :

« On s'est aperçu que l'efficacité des neutrons projetés sur les noyaux d'uranium, leurs chances de réussite se trouvaient grandement améliorées quand on les soumettait à la traversée préalable d'une couche de substance hydrogénée : de l'eau ou de la paraffine, par exemple. Il suffit de se représenter le noyau d'uranium comme une boule, afin de bien comprendre : pour obtenir un bris net, et non pas une fracture, ou une simple ébréchure, le projectile doit frapper à un endroit précis, au centre de la cible. Il existe à la surface de cette boule ce qu'on nomme une « section efficace » pour la scission nucléaire. Or il se trouve, si l'on en croit les nouveaux principes de la physique, que plus le projectile arrive vite sur la cible, plus la section efficace rétrécit ; plus il la percute lentement au contraire, plus cette dernière s'agrandit. L'eau lourde est la substance la plus hydrogénée qui soit. Elle a cette fonction : ralentir les neutrons au maximum pour optimiser les chances de scission du noyau de l'atome et faciliter la réaction en chaîne. »

Lucien appréciait la féerie de son magistère. Laura se lança ensuite dans un panégyrique. Selon elle, Frédéric Joliot-Curie n'avait pas seulement saisi le premier l'importance de l'eau lourde, il s'était également débrouillé pour accroître son avantage en prenant tout le monde de vitesse. Elle révéla que son chef de laboratoire avait déposé un pli cacheté sur l'utilisation du deutérium à l'Académie des sciences, à l'automne précédent. Dès novembre, il s'était mis en devoir d'acquérir toutes les réserves disponibles auprès de Norsk Hydro, à Vemork, sans jamais se lasser de convaincre politiques, industriels et militaires de faciliter sa démarche. Il y avait fort à parier, du reste, que ces emplettes fussent à l'origine des récents événements de Norvège. À présent, Joliot-Curie prenait la décision de convoyer le pactole à l'abri : Laura saluait non seulement un grand scientifique, mais encore un patriote exemplaire et un fin stratège. Lucien objecta que le patriote français préférait l'eau bénite à l'eau lourde, dès qu'il était question, comme ce jour-là, de pastis national. Il lui raconta la traversée du parvis de Notre-Dame, les visages subjugués par la transe, tous ces élans, ces sentiments de pacotille. Il donna de la foule émasculée une vision dantesque. Comme tous les étendards, il avoua que l'innocence lui flanquait la frousse.

« Vois-tu, Lucien, je me demande si la grande erreur

des cocos de notre espèce ne vient pas de la foi excessive que nous mettons dans les productions de la raison. Nous nous persuadons que la nécessité du partage finira par s'imposer à toute l'espèce comme une voie juste, unique, rationnelle. Mais nous écartons une évidence : seuls ceux qui n'ont vraiment rien à perdre se reconnaissent dans le discours de la raison ; les autres préfèrent toujours se faire tuer debout, sur place, chez eux, au nom de l'intangibilité de leur patrimoine. Le discours politique n'est jamais traité par le cerveau, mais par la tripe. Entends les mélopées de Mussolini ou d'Hitler quand ils s'adressent à la foule, c'est un chant primitif, un fleuve sourd et profond qui vient remuer ce qu'il y a en nous de plus archaïque : un cœur pour espérer, un ventre pour craindre, et la bouche pour prier, pour supplier le maître, car lorsqu'elle cesse d'implorer, la bouche ne sait que douter. »

Ici et là, en vérité, on perdait méthodiquement la tête. Dès le lendemain de la chute de Sedan, le 16 mai 1940 au matin, la rumeur circula que les ministères commençaient à détruire leurs archives. À midi, le Quai d'Orsay invita l'ensemble des représentations diplomatiques à se tenir prêtes au départ. Dans l'après-midi, par le moyen des ondes, la voix officielle du ministère de l'Information annonça même la défaite à trois ou quatre reprises, avant de rectifier son erreur au bout de quelques heures. Sur les boulevards, aux portes sud et ouest de la ville, on vit bientôt défiler des milliers d'automobiles en caravanes, matelas sur le toit. Jamais Lucien n'aurait cru que la cité abritât autant de voitures de luxe. Henri de Kérillis avait beau rappeler le caractère essentiellement urbain de la guerre moderne, assurer, à longueur de journal, que la vraie bataille se livrerait dans Paris, rue par rue, immeuble après immeuble, palier par palier, le jeune homme constatait que la panique se répandait à une vitesse folle.

Le 3 juin, Lucien et son patron découvrirent l'hystérie de la course aux abris : deux cents avions de la Luftwaffe larguèrent un millier d'engins explosifs sur la ville, à l'heure du déjeuner. On dénombra deux cent cinquante victimes, six cent cinquante blessés, et un million de déplacés.

Une semaine plus tard, le gouvernement se replia à Tours, puis à Bordeaux. Le 13, Paris fut déclaré ville ouverte. Le jour même, Édouard Mesens décida que l'heure était venue pour lui de quitter la capitale et de retrouver sa chère Odette à Saint-Brévin-l'Océan, près de Saint-Nazaire, où le couple possédait une bicoque. À sa décharge, dès la déclaration de guerre, Mesens s'était acquitté des démarches qui devaient lui permettre de s'engager dans l'armée française. Il y allait de sa loyauté. De nationalité belge, il lui fallait d'abord obtenir sa naturalisation. Le dossier constitué, selon les récents décrets, l'administration statua en procédure accélérée. L'acte d'état civil fut ainsi validé en deux cent dix jours. Puis le patron de Lucien patienta encore quatre mois, le temps que lui parvienne l'ordre de se porter sur le front. Mais le 12 juin, le jour où lui fut signifiée par courrier sa feuille de route, l'envahisseur se trouvait sur les berges de la Seine. Le front n'existait plus et les militaires retardataires se faisaient poisser par milliers, au titre de prisonniers de guerre. Le 13, Mesens jugea qu'il était temps de prendre ses distances. Il rentrerait sitôt la situation décantée, une affaire de quelques semaines, d'après lui. Il confia les clefs de la boutique à Lucien, et aussi celles de la caisse et du coffre. Pour toute recommandation, avant de partir, il le prit dans ses bras comme un fils.

Le 14 juin, en fin de matinée, les troupes allemandes pénétrèrent dans Paris par la porte de Saint-Cloud, sans rencontrer la moindre résistance. À 11 h 30, Lucien et Laura se campèrent au croisement des rues du Four et de Montfaucon, afin d'observer l'activité sur le boulevard Saint-Germain. En cas d'alerte, de multiples itinéraires s'offraient à la retraite. De leur poste, ils purent bientôt apprécier le sens du spectacle et la mise en scène impeccablement réglée du vainqueur. Vers midi, le boulevard, qui demeurait désert, se couvrit d'une brume artificielle très blanche, sèche et dense comme du coton, et qui chatouillait les bronches. Le sommet des édifices disparut, le soleil prit l'apparence d'un disque orange, étrange et menaçant, comme une lune rousse. Vers midi et demi, tel un monstre marin émergeant des vapeurs d'un lac méphitique, Laura et Lucien virent surgir, à hauteur de la statue de Danton, un animal d'acier aux proportions terrifiantes, puis un autre de mêmes dimensions, ils semblaient glisser sur la chaussée en arrachant des cris aux pavés. Les deux panzers passèrent devant eux à vive allure, sans même ralentir. Trois voitures fermaient la marche. Elles diffusaient un message par haut-parleur dans la langue des vaincus, avec un fort accent germanique : « Les troupes allemandes occupent Paris. » Et ce fut tout. Un peu plus tard, quand les séquelles du brouillard eurent fini de se dissiper, un uniforme vert-de-gris fit son apparition à l'angle de la rue Bonaparte et de l'église Saint-Germain. Les jeunes gens saluèrent l'économie de moyens : il n'en fallait pas plus, en somme, pour cadastrer le terrain.

Les bistrots du quartier demeurèrent fermés quelques jours, à sec, sous un soleil de plomb. Les deux tiers des Parisiens avaient préféré déguerpir, les autres se barricadaient chez eux et évitaient de sortir. Rue de Tournon, Lucien montait la garde en prévention des pillages, tandis que Laura et son équipe veillaient au grain sur les installations de la rue des Écoles. Le cyclotron, il est vrai, attirait de curieux visiteurs. Il déchaînait même la passion de certains nazis qui paraissaient très au fait des avancées de Joliot-Curie. Ce dernier ne semblait guère pressé de rentrer à Paris. Les débats s'enlisaient peu à peu, devant son inertie. Finalement, le 15 juillet, les autorités d'occupation procédèrent à la mise sous scellés du cyclotron.

Les deux amoureux passèrent ensemble tout un mois, comme Adam et Ève aux temps lointains d'Éden, allongés sur les pelouses des Jardins, seuls en tête à tête, avec un lapin pour témoin. Les gendarmes avaient abandonné les lieux ouverts au tout-venant, emportés par la débandade générale au beau milieu d'une journée de travail. Les clefs étaient restées sur les portes et les équipements techniques continuaient à fonctionner vingt-quatre heures sur vingt-quatre. Les jeunes gens en profitèrent pour prendre de nombreux bains, à l'ombre des platanes ou bien au clair de la lune. Dans la fontaine Médicis, ils pouvaient se rafraîchir pendant des heures et s'ébattre au milieu des poissons gluants. Du haut de son promontoire de marbre, au pied du monument, Zonzon les observait folâtrer d'un œil bienveillant. Quand la tension semblait trop forte entre les deux, quand les abandons devenaient plus manifestes, les jeunes gens se séchaient en vitesse. Ils alpaguaient le rongeur, puis se précipitaient, pieds nus, pour grimper les six étages qui les conduisaient à la chambre de bonne. Ils pouvaient s'acharner durant des jours entiers, sans jamais goûter ni nourriture, ni sommeil, ni souffle de paix. Tout juste suivaient-ils la course du temps à travers la lucarne. Du petit mauve, à l'aurore, aux ensablements de minuit, en passant par le crépuscule et toutes les nuances de l'incendie, le monde extérieur se résumait dans leurs yeux à une pulsation lumineuse.

Parfois, quand la chaleur des toits devenait intolérable, que le lapin lui-même semblait près de mollir, ils descendaient se doucher sous les jets du grand bassin des Jardins. Ils cherchaient ensuite un coin d'ombre où Zonzon pouvait se refaire et brouter à son aise. Hommes et bête ne manquaient de rien. Dans les serres, à côté de la Comédie Saint-Michel, un potager abandonné donnait encore des bulbes de fenouil. Plus bas, parmi les essences qui formaient les collections de l'Arboretum, ils pouvaient choisir entre les variétés fruitières. Les branches ployaient sous le poids des récoltes, comme à l'époque du *Cantique* sur les terres du roi Salomon : abricots, pêches, mirabelles, nectarines... Avant que la saison se termine, ils croquèrent à pleines dents leur part de gaieté divine.

2

Le reptile

« Il n'y a pas que le radada dans la vie. » Une épitaphe choisie, si l'on songe au paradis. Il s'entendait plutôt bien à l'affaire, Léon, le perfide, rayon crasses et vacheries : du premier choix de pourri, servi par un œil fissile, une langue, un instinct de reptile. Il commençait par écouter sa proie avec intérêt, voire aménité, par la toiser de manière scientifique. Au fil de la conversation, il se formait une idée des cicatrices, des plaies mal refermées, et sitôt qu'il les avait circonscrites, même de manière approximative, crachait toute la dose de venin disponible en une seule glaire corrosive. On le disait mal éduqué, mais, en réalité, il paraissait si intimement convaincu de la supériorité de ses mœurs, dans tous les domaines, qu'il n'hésitait pas à élever ses petitesses à la dignité d'un étalon humain. Lors des tractations auxquelles il se trouvait mêlé, Léon privilégiait toujours le rapport de force sur le sentiment d'équité. Il portait d'emblée l'appréciation à ce qu'il imaginait le plus désagréable, le moins flatteur à l'oreille de son interlocuteur.

Il se formait un système d'attaquer l'homme derrière le professionnel, de lui prêter des arrière-pensées mesquines, des calculs machiavéliques, sans retenue de bassesse. À l'achat, le courtier dépréciait la marchandise avec minutie et laissait supposer qu'il la flinguerait auprès des confrères, si on ne lui accordait pas le rabais auquel il arbitrait sa limite. Il se vantait des résultats de cette méthode agressive et volontiers déstabilisante, une nouveauté dans une profession où l'hypocrisie se privait rarement de flagorneries. Son prurit aristocratique semblait prospérer sur le fumier du temps. Depuis un an, Léon imposait peu à peu son style à tous les libraires, aussi démunis les uns et les autres face à ses airs supérieurs que de simples va-nu-pieds devant une verrue plantaire.

« Il n'y a pas que le radada dans la vie. » Et pourquoi non ? Par quelle aberration ? À la suite de quelle chute, de quelle autopunition ? Avec un joujou pareil à portée de main, Lucien s'inquiétait surtout que l'être humain ait pu ressentir le besoin de s'entourer de chèvres, de troupeaux, de maisons, de tant de possessions, d'accumuler des richesses, de bâtir des civilisations. Quel événement avait bien pu motiver l'homme à sacrifier un passe-temps, somme toute très prenant, à l'épanouissement de perversions singulières ? Il essayait de se représenter les Indiens d'Amérique à la fin du XVe siècle, leurs pensées consternées quand ils avaient vu Christophe Colomb et ses troupes débarquer sur les côtes pour s'emparer du continent. Les conquistadors se flattaient d'apparaître aux yeux des sauvages comme des dieux véritables, mais les Indiens avaient dû les juger, à l'inverse, des créatures répugnantes, une espèce de gloutons mutants débridés, pourvoyeurs de germes et de substances toxiques, propagateurs de chimères, enragés à la conversion. Les autochtones ne pouvaient que s'ébaubir de l'incroyable dévotion de l'Européen au travail, de sa propension à répandre le mensonge, de son sens aigu de la trahison et surtout de sa soif de métal jaune, dont la seule évocation métamorphosait l'envahisseur en sujet délirant. « L'amour de posséder est chez eux une maladie », avait analysé un sorcier vénérable. Lucien essayait de couler sa vision dans celle de l'Indien aussi souvent que possible, de retrouver, au milieu de la cataracte des temps, la perspective essentielle du primitif. Sous cet angle, il voyait se dégager avec netteté la logique de mort qui conduisait à la situation actuelle : la mise en nombres du réel, son évaluation en termes de profit. Comment avait-on pu renoncer à l'infini pour s'exciter sur des instruments de mesure ?

Les paradis perdus, bien sûr,
les paradis perdurent.

Lucien songeait au Grand Tout, à Laura, si souvent. Sur le fond, il enrageait, d'autant plus amer que Léon ciblait juste : la part du « radada » se réduisait à fort peu de chose dans la vie quotidienne du jeune esclave moderne. Apprenti libraire, laborantine, à bien y réfléchir, il avait quand même fallu attendre que la terre s'éçroule tout autour, pour que se présente enfin l'occasion de consacrer à l'amour l'énergie et la disponibilité d'esprit que requiert un long voyage. Ensemble, ils n'avaient pas connu d'autres vacances et n'en partageraient plus de sitôt. L'été précédent, Laura avait rejoint son père en Auvergne, deux jours après le feu d'artifice. En temps ordinaire, les amoureux devaient se contenter du dimanche, de soirées en semaine, de quelques rares nuits blanches. Aussi, depuis plus d'un an qu'il sortait avec Laura, Lucien endurait-il un état de frustration sexuelle permanent. Le souvenir de la passion charnelle de l'été, loin de le satisfaire, avec le retour brutal de la réalité, ajoutait au contraire à son obsession un surcroît de sensibilité, une charge d'intensité électrique. Du réveil au coucher, sur son lieu de travail, à longueur de journée, Lucien se trouvait assailli par des visions fugaces, des fantasmagories de couples enlacés, de visages pâmés, aussi violentes et ravageuses à l'impact que la foudre sur un tronc de pommier. Il revenait sans cesse à l'image du sexe de Laura, comme à l'aimant de la pensée. À chaque fois qu'Édouard Mesens lui parlait de l'inspiration d'un poète, par un effet de logique directe, le jeune homme resongeait au cul de sa bien-aimée. À son parfum pendant le rut. Sous le choc, il se pétrifiait à l'instant et se mettait à rougir dans son coin, tel un homard à la vapeur. Il était bien certain d'avoir identifié cette odeur comme la source première de toute poésie. Il n'en avait jamais respiré d'aussi poignante, d'aussi véridiquement humaine. Il déplorait de ne pouvoir confier sa théorie à Jef, dont il restait sans nouvelles et espérait le retour chaque jour. À défaut, il aurait apprécié dialoguer avec son patron, s'exprimer à cœur ouvert sur le sujet, mais il était certain que Mesens aurait jugé ses propos incongrus. Au vrai : le monde des adultes était vraiment trop mal foutu.

Depuis la déclaration de guerre, treize mois plus tôt, les amoureux devaient surtout composer avec la fatigue, lancinante comme une dent, même chez des jeunes de leur âge. Ils pointaient tous les deux six jours sur sept, de douze à quatorze heures de rang. Parfois au-delà, en ce qui concernait Laura. En janvier, l'activité du laboratoire avait encore redoublé de rythme : des chercheurs du Minnesota venaient tout juste d'établir la prééminence de l'uranium 235 sur l'uranium 238 dans la scission nucléaire. L'unité de Joliot-Curie savait désormais sur quel isotope concentrer ses efforts pour déclencher le processus de réaction en chaîne. Du début de l'année 1940 au 14 juin, date de l'arrivée des Allemands à Paris, le département de chimie nucléaire du Collège de France n'avait cessé de fonctionner, jour et nuit, selon le système des trois-huit. L'équipe de Laura s'était efforcée de relayer la course éperdue du pays vers la bombe atomique, à la limite des capacités humaines, morales et physiques, comme la Défense nationale l'exigeait.

Si la mobilisation militaire du pays entraînait un surplus de travail mécanique, aisément prévisible dans le cas de Laura, Lucien aurait bien été en peine d'extrapoler qu'il en irait de même dans son secteur. À dire la vérité, il avait prévu de se tourner les pouces. Au demeurant, le premier mois du conflit s'était déroulé conformément à ses prédictions : cinq millions de mobilisés, autant d'acheteurs potentiels momifiés. Dans Paris *intra-muros*, le service des autobus était supprimé, un grand nombre de stations de métro restaient fermées au public. Il n'en fallait pas tant aux vieux collectionneurs pour s'abstenir de céder à leur vice. Aux *Corps intermédiaires*, on ne voyait plus personne. Dès la fin août, il est vrai, les Français s'étaient fait un devoir d'exclure de leur budget tout ce qui ne paraissait pas strictement indispensable à la survie. Les élans de civisme avaient ainsi entraîné la faillite de nombreux commerces de détail et, peu après, celle des usines qui les fournissaient. Le 15 septembre, date du terme trimestriel, les locataires de France s'étaient avisés, tous ensemble, de l'inutilité d'acquitter leurs loyers plus longtemps. Songez : à quoi bon, pour un gourbi qui risquait d'être détruit à tout moment ? Devant les menaces que l'ascèse spontanée des Français faisait peser sur la santé du pays, le gouvernement n'avait pas tardé à réagir par une campagne publicitaire : « Achetez, vous contribuerez à la victoire. »

Édouard Mesens s'était persuadé de l'opportunité de publier un catalogue : et de se rappeler, non sans humour, au bon souvenir de la clientèle. Le libraire avait sélectionné une centaine de fiches bristol, puis envoyé le paquet à son imprimeur. Les épreuves étaient revenues en un temps record. Lucien avait dû s'appuyer les adresses, la mise sous enveloppe ainsi que le dépôt des plis au bureau de la rue de Vaugirard. Pendant dix jours, le téléphone était demeuré muet ; avant d'exploser un beau matin sous les appels. En deux ans et demi, Lucien n'avait encore jamais rien observé de tel. Et pour cause : après neuf années de marasme, le métier entrait en fanfare dans l'ère du boom économique.

À la réouverture de l'hôtel Drouot, précisément à la même époque, une vente d'ébénisterie des artisans personnels du Roi-Soleil atteignit des sommets. Dans les semaines suivantes, partout en France, les prix s'envolèrent vers des enchères inégalées : ceux des livres anciens, à la remorque des tableaux, mais aussi de la joaillerie et des tapis persans. Les spéculateurs cherchaient du solide. Ils ne doutaient pas qu'une guerre de position serait longue et coûteuse. Face à la désorganisation économique qui s'insinuait peu à peu, ils se persuadaient que l'État français finirait par s'en prendre aux particuliers et par ponctionner les comptes de dépôt. Ils convertissaient massivement leurs liquidités, durant que les usines et les commerces licenciaient, faute de circulation monétaire. Aiguillonnés par les rumeurs de pénurie, les investisseurs ne ménageaient pas leurs efforts. En un mois à peine, ils avaient réussi à faire main basse sur le marché de l'or. À Paris, le quartier de la Bourse pullulait d'agents de change clandestins. Lucien les observait, au retour de Drouot, exhiber leurs diamants sous le nez des passants, leurs lingots, avec des mines de pervers d'un genre nouveau. Mais bientôt, ni les métaux précieux, ni les pierres n'avaient plus suffi à contenter la frénésie de placements qui secouait les spéculateurs. Ces derniers s'étaient alors décidés à jeter leur dévolu sur l'art, car les biens culturels présentaient l'avantage de l'invisibilité fiscale sur les achats immobiliers. Peu leur importait le fétiche, pourvu qu'il fût signé d'une main célèbre, certifié par les experts et, surtout, immédiatement identifiable comme tel. Les grandes heures de Drouot avaient sonné.

Lucien reconnaissait volontiers qu'il lui restait tout à apprendre. Il lui suffisait pour s'en convaincre d'observer l'assurance avec laquelle le patron s'employait à marquer les livres. Du moins le jeune homme avait-il conscience de son ignorance et se distinguait-il sur ce point des parfaits béotiens. Qui ne doutaient de rien. Aux yeux de Lucien, le jeune Léon incarnait à merveille l'arrogance triomphante des nouveaux acteurs du marché. L'apprenti les fréquentait au demeurant avec assiduité. Il s'honorait de déjeuner en leur compagnie, plusieurs fois par semaine, *Au Petit Riche*, rue Le Peletier. Les journées d'enchères, il se chargeait de centraliser et de réaliser les ordres d'achat. Bien qu'il opérât lors des ventes pour le compte de son boss, il parvenait à imposer son pourcentage aux clients sur chacun des lots qu'il s'adjugeait à leur avantage. Aussi pouvait-il s'habiller comme eux, chez les tailleurs à la mode, avec un costume de couleur noire, relevé de vert pistache, et un chapeau monsieur. Dans le petit monde de la librairie, où même le *vulgum pecus* se pique de flairer les grands vents de l'esprit, les pires inepties produisent un certain effet de respect, un réflexe de considération studieuse. Ajoutez qu'une énormité assénée sans tortiller par un acheteur bien habillé passe aisément pour une vérité révélée. Ainsi Léon, du haut de ses dix-huit ans, se targuait désormais d'expliquer le métier à chacun, jeune ou vieux : les grandes orientations du marché, ce qu'il entendait par « un bon livre », un vrai, ou ce qu'il convenait tout au contraire de qualifier de « rogaton ». Semblable à la sibylle, il séduisait son auditoire à coups d'élucubrations péremptoires. C'est qu'il ne se contentait pas de théoriser, ni de changer de théorie au gré des marées, il s'attachait également à souligner la cohérence du dogme avec les pratiques de l'oracle : en achetant à tour de bras à peu près tout et n'importe quoi.

Dans les travées d'une librairie, fussent-elles peuplées de moutons à cinq pattes, Léon ne supportait pas de gaspiller une seconde à inspecter les rayonnages. Sa première question trahissait, de manière rituelle, la même impatience : « T'as quelque chose pour moi ? » Il ne s'intéressait par principe qu'à la marchandise acquise de fraîche date, vierge et sans écume, celle pour laquelle les confrères n'avaient pas encore mûri le prix. Quand il s'en voyait refuser la priorité, il recourait à une technique bien à lui. Il s'asseyait tranquillement en face du libraire, puis commençait à évoquer les grumeaux du temps en affectant des airs compatissants. Au moment de prendre congé, il éprouvait toujours le besoin de nouer un lacet défait. Alors qu'il se penchait, une liasse de billets de banque jaillissait de la poche intérieure de sa veste, habituellement bien dodue, comme par mégarde, pour rebondir aux pieds du confrère récalcitrant. Léon se penchait alors un peu plus en avant, jusqu'à se couper le souffle, puis il allongeait un bras tremblant afin de saisir la liasse du bout des doigts en articulant dans un râle : « Et merde ! Chais pas vous, mais moi, tous ces paquets de flouze, c'est marre ! »

De leur côté, Édouard Mesens et son apprenti recouraient à un stratagème différent : celui du carton. Pour faire face à l'augmentation de la demande, Lucien et son patron consacraient du temps à la valorisation des stocks. Il leur arrivait de plonger et de trier dans les réserves du libraire des matinées entières. Fausses raretés, séries incomplètes, reliures aberrantes, grands illustrés foireux, envois ou fers douteux, exemplaires de troisième zone, les deux hommes s'employaient à constituer un large butin de toutes les tares qu'ils réussissaient à identifier. Ils déplaçaient, empilaient, bourraient des caisses de carton ondulé de nanars tels qu'Édouard Mesens, en libraire scrupuleux, n'avait encore jamais osé en confronter à l'examen du public. Lucien se chargeait ensuite de rafistoler les épaves dans l'atelier de la Taupe. Il acceptait le surcroît de travail sans rechigner, même quand il devait se plier à un rythme d'enfer. Il se satisfaisait de la cause. Aussi, chaque fois que Léon venait chiner aux *Corps intermédiaires* parvenait-il à dénicher quelques caisses de nouveautés, toutes fraîches d'une pellicule de fine rosée, négligemment glissées sous la table. Même s'il l'estimait naturelle, au vu de son abattage, le jeune apprenti se montrait irrésistiblement sensible à la primauté qui lui était témoignée. Comme un prince encourage un satrape, d'ordinaire magnanime, il achetait la totalité du lot sans chipoter sa dîme.

« Au fond, je n'arrive pas à admettre que ce zazou soit plus mariole que nous, répétait Édouard Mesens sans cesse, et pourtant, dis-toi bien qu'à chaque fois que nous l'enflons, c'est encore lui qui profite. Et, forcément, plus gras. Il y a quelque chose d'immoral dans tout ça. Ou bien ses clients sont des huîtres, ou bien Léon possède une espèce de charisme, je suis navré de le reconnaître, une forme de génie. »

En ces temps où la fatigue pesait chaque jour d'un fardeau plus sensible, Lucien ne pouvait que s'incliner devant l'énergie déployée par son homologue. Depuis la déclaration de guerre, le jeune apprenti de la rive droite se donnait sur tous les fronts et inspirait de nombreux émules. À Paris, en un an à peine, un véritable bataillon de disciples s'était levé pour le suivre, fascinés par le personnage, ses protocoles d'expertise et l'exemple de sa réussite. Quoique de physique et d'âge très différents, ils se reconnaissaient à leur uniforme noir égayé de vert et à leurs chapeaux bizarres, rigoureusement identiques. Tels des choucas à l'assaut d'un manoir, Lucien pouvait les voir hanter les couloirs de l'hôtel des ventes, mais aussi les librairies, où ils péroraient comme des bas-bleus en singeant les dédains du maître. Tous ces rapaces s'activaient si bien, prospéraient à telle allure, qu'il avait fallu se prémunir de leur voracité. La marchandise se raréfiait. Édouard Mesens avait donc résolu de soustraire ses vraies richesses à la vue du public et de ne plus exposer en rayon qu'une daube sans nom. Encore du boulot, toujours de la manutention ; depuis un an, Lucien ne servait que de grouillot. Plein le dos. Il n'avait jamais autant mis à contribution ses dix doigts, ni son squelette, ni ses muscles. Il aurait aimé souffler un peu, paresser, que Laura le masse. Il prenait peu à peu conscience de son corps comme d'un enjeu politique, d'une force dont la propriété menaçait de lui être confisquée. Depuis quelque temps, il est vrai, la jeunesse était entrée dans le collimateur du pouvoir. Après la suppression du service militaire dans la deuxième quinzaine d'août, des bruits avaient couru, évoquant des « groupements » puis des « chantiers de jeunesse » pour le remplacer. Il se murmurait que les jeunes gens, garçons et filles, devraient accomplir une période de huit mois lors de leur vingtième année. Les journaux parlaient d'un recensement à l'échelle nationale, de démarches obligatoires, sous peine de sanctions pénales. Lucien avait de quoi s'inquiéter : dans l'attente d'une naturalisation, Laura vivait sans papiers.

Pitroque se présenta aux *Corps intermédiaires* comme une trombe, un beau matin de septembre. Le spécialiste des sciences sociales semblait très agité. Il venait d'adresser une lettre de dédit au propriétaire de sa boutique, avec un chèque couvrant les loyers jusqu'à extinction du bail. Son intention était de mettre le stock à l'abri puis de disparaître, en attendant le départ des nazis. Il savait que son ami Mesens possédait deux réserves dans le VIe, il réclamait l'hospitalité pour les livres mais également des bras, si possible, de toute urgence. Car le déménagement comportait une contrainte majeure : il devait se dérouler de jour, sans que personne puisse rien soupçonner, caisse après caisse, comme une succession d'enlèvements et d'expéditions postales en période de catalogue. Lorsque Lucien suggéra qu'il serait peut-être préférable d'opérer en une seule fois, Pitroque rétorqua qu'il ne se trouvait pas de meilleur moyen de se signaler comme juif à l'attention d'un public dont l'appréciation lui paraissait de moins en moins nuancée. Il rappela que, depuis juillet, des pancartes avaient fleuri sur certains commerces du quartier : « Interdit aux juifs ». Il rapporta qu'un opticien s'était même amusé à préciser sur son enseigne : « Ici Lissac, pas l'Itzhak ». Il raconta également le saccage tout récent des magasins Lévitan, Bouchara, et les nombreux incidents antisémites qui avaient eu lieu boulevard de Ménilmontant, dans les cafés de la place de la République, aux puces de Saint-Ouen. Des jeunes gens s'étaient acharnés sur des vitrines de magasins tenus par des juifs aux Champs-Élysées, en pleine journée, encouragés par les passants et les flics. Pitroque, Piet Rokven de son vrai nom, se savait d'autant plus exposé par sa nationalité hollandaise.

Lucien éprouvait un sentiment de dette à l'égard de cet homme qui un jour, au débotté, avait accepté de prendre Zonzon sous son aile. Il accueillit la mission avec honneur, sans très bien mesurer, tout d'abord, l'ampleur du problème. Sept cent cinquante mètres séparaient la boutique de Pitroque du local de la rue de Vaugirard, et mille trois cents de celui de la rue de Rennes. Avec trois cents cartons à transbahuter et une carriole à bras bien huilée, la question n'était pas tant le tonnage que la durée totale des opérations. Elles occupèrent Lucien un peu plus de trois semaines, à raison de dix heures par jour en moyenne. À compter de début octobre, le jeune homme mit les bouchées doubles. Le nouveau gouvernement de Vichy semblait déterminé à donner corps aux pires craintes de Pitroque. Le 3 octobre 1940, il promulgua un « Statut des juifs » qui définissait légalement, en France, une catégorie de sous-citoyens. Ces derniers se trouvaient exclus de la presse, de l'enseignement, de l'armée, de la fonction publique. Ils devaient en outre se présenter par ordre alphabétique au commissariat de quartier pour se faire recenser. Le lendemain, les juifs dont le nom commençait par la lettre B se voyaient ainsi convoqués. Henri Bergson, officieusement dispensé de l'humiliation, se rendit à l'antenne de police de Passy, en pantoufles, dans sa vieille robe de chambre, mourant. À Saint-Ouen, le même jour, Monny de Boully opta pour une vie de clandestin.

Pitroque tira le rideau le mardi 15 octobre, à 19 heures comme d'habitude, sur une boutique entièrement vide. Avant de partir, il tint à remercier son déménageur et lui fit cadeau d'un exemplaire de l'originale française du *Capital*, éditée par Lachâtre. Il disparut dans la nature aussitôt après, sans avoir rempli, lui non plus, le formulaire de Vichy.

Trois jours plus tard, une nouvelle ordonnance émanant du gouvernement français définissait « l'entreprise juive », en vue d'arrêter les modalités pratiques de son « aryanisation » par l'intermédiaire d'un administrateur provisoire. En clair, sans son flair, Pitroque aurait perdu la gestion de son entreprise séance tenante. Il se serait vu interdire l'accès au compte bancaire et tout contact avec la clientèle, en attendant que son affaire trouve un acheteur à prix cassé. La même ordonnance élargissait le champ des interdictions faites aux juifs aux fonctions électives, aux métiers de la presse, du cinéma, du théâtre et de la radio, et créait un *numerus clausus* dans de nombreuses professions libérales.

À la librairie, Lucien prit également connaissance d'une épaisse circulaire émanant du Syndicat des éditeurs. Elle s'intitulait : « Liste Otto. Ouvrages retirés de la vente par les éditeurs ou interdits par les autorités allemandes ». Elle s'adressait à tous les libraires de la zone occupée, de livres neufs comme de livres anciens. Le jeune homme décortiqua avec curiosité la série de titres et de noms qui constituaient le nouvel *Index*. De nombreux patronymes rappelaient par leurs sonorités celui de Jef Goldman. Qu'advenait-il de son ami dans cette tragique guignolade ?

Jef, Pitroque, Monny : Lucien découvrait l'existence des juifs dans son entourage. Jusqu'à la victoire des Allemands, il était certain de n'en avoir jamais distingué aucun. Ni au lycée Henri-IV, ni dans la boutique du grand-père, ni derrière les étals du marché, rue de

Seine. Tout juste avait-il croisé des Américains, des Chinois, de loin en loin quelques nègres. Aucun Peau-Rouge, en vérité : depuis toujours, Lucien ne voyait en France que de simples Français et des agents de l'étranger.

3

La rentrée littéraire

Au rez-de-chaussée de la librairie Gibert, boulevard Saint-Michel, Lucien restait planté devant les nouveautés, émerveillé, sans réaliser la gêne que sa présence occasionnait au passage. Les gens avaient beau s'énerver autour de lui, s'affoler dans tous les sens, il sentait monter son émotion et ne leur accordait pas la moindre attention. Il songeait à Zonzon. Il venait de s'apercevoir que les tables des meilleures ventes se dressaient exclusivement de piles d'ouvrages consacrés aux animaux domestiques. Poules, cailles, dindons, pigeons, chèvres, moutons, des dizaines de traités et de guides vétérinaires détaillaient les techniques modernes de prophylaxie et d'élevage à domicile, au moyen de planches dessinées d'une pédagogie limpide. En l'absence de course aux prix littéraires cette année-là, le public français désignait ses propres lauréats. En octobre, ce fut l'imposant *Manuel de zootechnie générale* d'André Leroy qui rencontra la faveur inattendue du public en passant la barre des cent mille exemplaires par le seul truchement du bouche-à-oreille. Dans le même temps, la revue *Rustica* enregistra une foule d'abonnements, à la suite d'une série de reportages sur la « ménagerie familiale ». Mais le succès le plus considérable de la rentrée se cristallisa sur un petit volume de soixante-douze pages à peine, dédaigné par la critique lors de sa parution, *L'Élevage du lapin à la portée de tous*, dans la « Collection de l'avenir ». Telle une lame de fond, le phénomène dépassa largement le cadre de la seule librairie. Des quartiers populaires aux appartements bourgeois, sans distinction de classe ni de décor, on vit le léporidé déferler sur l'habitat urbain à la vitesse d'un raz de marée. Plus maniable que l'agneau, le chevreau ou le bœuf, moins fienteux et sonore que la volaille, aussi distrayant qu'un aquarium ou qu'un feu de cheminée, en l'espace de quelques semaines, le lapin était devenu l'animal préféré des Français.

Dans la chambre ou le boudoir, la cuisine ou la baignoire, le rongeur s'installait partout. Il s'invitait même au bistrot, où les différentes méthodes de construction du clapier se confrontaient à l'heure de l'apéro. Les journaux consacraient à l'espèce toutes sortes de pages pratiques illustrées de photos, afin de bien représenter à l'éleveur débutant les caractères distinctifs des races, y compris psychologiques. Mais il arrivait également que le lapin occupât la une, comme le 20 octobre 1940, lorsque les autorités constatèrent la disparition criminelle des spécimens qui servaient de cobayes à l'hospice de Bicêtre. Le gouvernement promit de châtier les sacrilèges, avec toute la sévérité requise par l'indignation générale. Lucien observait d'un œil torve tous ces chrétiens reconvertis en adorateurs de bestioles, surtout lorsqu'ils se chicoraient devant lui pour les endives au marché de Buci. Hélas, entre la pénurie rémittente et les restrictions légales, Lucien craignait que l'engouement du populo s'annonçât durable. Il acceptait de se faire une raison : pour autant que personne ne touche à un poil de Zonzon.

Italienne à principes, Laura déplorait que les restrictions se fussent abattues par priorité sur les pâtes et le riz, la base, à ses yeux, d'une alimentation saine, rationnelle et complète. Mais, en vérité, entre les économies du jeune homme, les combines de Mesens et celles du bistrot voisin, les deux amoureux réussissaient à tromper leur faim à peu près tous les jours. De son côté, Lucien prétendait même tirer certains bénéfices d'un apport limité en sucre, notamment pour les dents. Les quatre jours de la semaine où la pâtisserie se voyait proscrite, il flattait ainsi avec subtilité ses penchants ascétiques. Il pressentait dans le corps svelte le théâtre naturel des hautes heures de l'esprit. Il ne buvait jamais de vin, n'avait goûté qu'une seule fois la décoction chargée d'épais tanins baptisée « café national ».

Pour autant, si Lucien parvenait sans peine à s'exagérer les vertus du carême, l'arrivée brutale des frimas, en novembre, lui permit de toucher la misère banale. Pas le froid d'un Godin au lendemain d'une nuit d'amour, mais une onde de choc qui s'insinue par le squelette et se fige au cœur de la moelle. Dans sa chambre de bonne, il ne comptait plus qu'un ou deux degrés sous les toits, ce qui l'obligeait à confectionner des nids de paille afin que Zonzon ne gèle pas. Le petit poêle demeurait désespérément vide. À la boutique, seul le bureau de Mesens jouissait d'un chauffage d'appoint. À côté, la salle de réception et la pièce de documentation conservaient des températures glaciales. Pour résister, Lucien devait s'agiter constamment. Le dispositif central de l'immeuble, équipé au mazout, n'avait pu redémarrer, faute de carburant. Dans Paris, on ne trouvait plus le moindre caillou de charbon, ni une goutte de pétrole, la faute au blocus britannique. Quant au bois, le filet nécessaire à une flambée coûtait le prix d'un couvert dans un restaurant chauffé de catégorie B. Les gens s'habillaient pour aller au travail en superposant les couches, à la mode des forains ou des vendeurs de légumes. Le soir, chez soi, le thermomètre descendait si bas qu'on ne se déshabillait pas. Aux yeux de tous, le vêtement perdait sa fonction civile et prenait la place d'une seconde peau aux diaprures barbares. À l'odeur sauvage, aussi, car le linge séchait mal et piquait les narines. Même Laura, d'ordinaire si élégante, rechignait à dépiauter sa cuirasse. Il est vrai qu'entre le laboratoire du Collège de France et sa chambre sous les toits, rue d'Alésia, elle vivait dans une atmosphère réfrigérée en permanence. Elle prétendait ne jamais parvenir à se réchauffer tout à fait, même après deux heures de ciné, même blottie dans les bras de son homme. À quoi peut donc servir un amant, si ce n'est à déjouer les inconvénients ?

Le samedi 30 novembre, en début d'après-midi, Lucien demanda l'autorisation de s'absenter de la librairie pour aller sonder ses stocks. Il écrémait avec régularité chaque lot qu'il recevait de Mesens, mais les invendus s'accumulaient depuis deux ans et commençaient à former d'impressionnants terrils de drouille. Le jeune homme avait en tête une idée brillante. Quitte à brûler des livres, à l'exemple des nazis, autant conserver à l'autodafé une dimension politique. Il se rendit donc rue de Rennes et entreprit de fouiller. Il mit de côté les publications affiliées à l'Action française, des numéros de *La Revue universelle*, les œuvres de Maurice Barrès, les poèmes de Charles Maurras, et tout le félibrige, Frédéric Mistral, sans regret. Il tria des monceaux de services de presse, empila les exemplaires des œuvres de Marcel Jouhandeau, de Drieu la Rochelle, de Jacques Bainville, de Paul Morand, de Robert Brasillach, sans omettre les Déroulède. Après une heure d'investigations à peine, il avait rassemblé sur une palette un bon mètre cube de littérature d'extrême droite, très courante, à ce qu'il put constater, dans les rayonnages des bibliothèques françaises contemporaines. Il avait de quoi voir venir et espérait bien triompher des rigueurs de l'hiver avec ce seul combustible.

Le soir même, il invita sa belle à venir dormir chez lui. Quand la chambre eut atteint la température désirée, que Laura se fut enfin dénudée, Lucien lui révéla qu'ils devaient à la plume d'un queutard frénétique de consacrer la nuit aux vertiges de l'amour.

« Tu ne nous chauffes pas avec les œuvres du marquis de Sade, au moins ? demanda Laura, espiègle. Elles sont si rares, tu m'as dit, ce serait un gâchis.

– Je brûle les plaquettes du maréchal Pétain, ma chérie, je respecte les hiérarchies. »

Devant l'adversité, Lucien explorait les ressources du système D. Il n'était pas le seul à tourner à son avantage quelques-unes des rigueurs de la guerre ou, du moins, à en prendre un parti surprenant. Cernés par les corps affamés, les bouches désœuvrées, par tous ces citadins fatigués dont la pensée unique se tournait vers la subsistance, les libraires d'ancien mangeaient moitié plus qu'avant et passaient leur vie au restaurant. Ensemble, ils se serraient les coudes autour de longues tablées et s'attachaient à noyer leurs angoisses dans les plats en sauce et les verres de bourgogne. Ils se séparaient à l'heure de la sortie des écoles, puis regagnaient leur boutique d'un pas lourd, à regret, chacun de son côté, en bâillant jusqu'au moment du coucher comme de beaux nénuphars roses et rouges. Bien que le patron réussît à se soustraire au cérémonial aussi souvent que possible, il commençait lui aussi à prendre du bide. À l'image des confrères, il nourrissait des inquiétudes face à la situation. Sans attendre de miracles des libraires, Édouard Mesens avait espéré que la profession refuserait de se commettre dans un crime légal et opterait pour une neutralité stricte et massive face au processus d'aryanisation. Selon lui, les juifs avaient depuis si longtemps lié leur destin à la chose écrite qu'il suffisait à un homme d'évoluer dans le sillage des livres, encore aujourd'hui, pour qu'on évoque à son sujet un lignage imparfait. À défaut d'acquisitions collectives honorables – elles auraient permis de protéger les intérêts des confrères spoliés, le temps de la guerre –, Édouard Mesens prônait, pour la concurrence et pour lui-même, le boycott intégral du rachat des entreprises aryanisées. Partant du principe qu'une librairie ancienne ne pouvait intéresser qu'un libraire d'ancien, au même titre qu'une cimenterie attire un cimentier, il diffusa autour de lui un unique mot d'ordre : aucun contact avec les administrateurs provisoires chargés de vendre. Le 25 octobre, cependant, une lettre parvint au bureau de la Guilde des métiers du livre ancien. Le courrier rappelait, en préambule, que l'organisation professionnelle se trouvait dans l'obligation légale de recenser les libraires juifs, afin de les déclarer aux services de l'État français. Suivait une liste de noms, qu'il ne fallait pas oublier. La secrétaire de l'organisation protesta de son dégoût devant de tels procédés entre des confrères qui, la veille encore, se saluaient avec affabilité. Le patron de Lucien fut un des rares à tenir la missive entre les mains. Elle portait la signature de trois libraires installés de la rive gauche, qu'Édouard Mesens se refusa obstinément à désigner.

La nouvelle fit l'effet d'un coup de tonnerre, suscitant aussitôt l'incrédulité et l'émoi des confrères. Puis la gêne se fit pesante. Les libraires se défiaient les uns des autres. Ils continuaient à bavarder entre eux comme avant, mais la confession du sentiment leur était désormais confisquée, même en petit comité. Sous les vannes et les banalités d'usage, à travers les propos réconfortants, Lucien sentait courir l'ordre réel du discours comme une larve de mite s'attaque à la fibre d'un vêtement. Derrière l'argument antisémite, le jeune homme s'indignait surtout que personne ne relève les motifs crapuleux auxquels obéissait la délation. Le crime se déroulait sous leurs yeux, en famille, les libraires ne pouvaient pas continuer à se déshonorer par ce silence complice. Mesens détenait une arme, Lucien estimait qu'il était du devoir de son patron de s'en servir. Il pressait ce dernier de révéler le nom des traîtres, de rendre la honte encore plus honteuse en la livrant à la publicité, de divulguer simplement la vérité, arguant que tout le monde en serait soulagé.

« La vérité ? s'insurgea Édouard Mesens. Garde cette folie pour les livres, je t'en prie, et laisse-moi t'expliquer comment les choses fonctionnent en société : il y a d'abord ce que les gens ont envie d'entendre, c'est ce qu'on leur rabâche à longueur de journée ; il y a ensuite ce qu'ils sont prêts à écouter et qu'on ne leur dit jamais, de peur de les amoindrir ou de les tuer ; et, seulement après, il y a la vérité. Tu le constates toi-même : chacun passe son temps à adapter sa franchise à la personne qui se tient devant lui, à ce qu'il sait d'elle, à ce qu'il croit savoir, à ce qu'il en devine. Spontanément, comme sans y penser. On ne peut pas crier au mensonge, car il s'agit d'une hypocrisie nécessaire : sans elle, la société se transformerait en cloaque. La révélation n'a jamais été une arme en vente libre, contrairement à ce que tu as l'air de croire. La vérité en elle-même est une sorte de sécrétion malodorante, une affaire d'hygiène intime dont les êtres humains se passeraient volontiers. Elle nous montre, sans fard, l'ampleur de nos accommodements quotidiens. On y risque sa vie, comme avec d'autres maladies, et plus encore aujourd'hui. Toutes ces abominations que tu observes avec dégoût dans le milieu de la librairie ancienne depuis quelque temps, la spoliation légale, les procédures d'aryanisation, les dénonciations, on ne nous les a pas réservées par privilège. Tu dois bien comprendre que ces phénomènes sont à l'œuvre dans tous les secteurs de l'économie française : commerce, artisanat, industrie... Et, bien entendu, dans tous les esprits : la vérité, Lucien, elle lève le camp avec les vainqueurs. Tu devrais méditer Omar Khayyam, car il enseigne l'art de dire les choses et celui de se taire, dans les vraies occasions :

Le mystère doit rester voilé aux esprits vils
Et les secrets impénétrables aux fous.
Réfléchis à tes actes vis-à-vis des autres hommes ;
Il faut cacher nos espérances à toute l'humanité.

Lucien doutait que les libraires fussent de fins lecteurs d'Omar Khayyam et pourtant, s'agissant d'espérances, il dut bien reconnaître que la plupart des confrères respectaient à la lettre la consigne de silence du vieux sage oriental. La réouverture de la Bourse entraîna un large repli des investisseurs qui ne suscita que de rares commentaires. Chose curieuse, aux premières loges, Léon se garda de répandre la bonne parole. Lucien voyait toujours les piliers de la profession défiler aux *Corps intermédiaires*, mais les échanges entre libraires se réduisaient maintenant à leur squelette marchand. La question des provenances, hier encore si pointilleuse, était de celles que les libraires reléguaient désormais aux oubliettes. Les ragots avaient cessé de mobiliser l'attention. Quelque chose avait changé, le patron avait raison : la vérité n'était plus de saison.

Les propositions commencèrent à confluer rue de Tournon à partir de novembre. Une vague d'une ampleur inédite depuis la Révolution, de mémoire de libraire. Elles émanaient pour commencer de clients juifs, pressés de vendre. Dans son bureau capitonné, Édouard Mesens accueillait les collectionneurs en toute discrétion. Il prenait le temps de converser, offrait une tasse de thé et traitait ses interlocuteurs avec d'autant plus d'élégance qu'il rachetait des pièces qu'il leur avait lui-même procurées. Les vendeurs, satisfaits, lui adressaient alors leurs amis et ainsi de suite.

L'offre atteignit des niveaux pléthoriques en décembre, quand certains professionnels, à leur tour, entreprirent d'inonder le marché de trésors. Ils se gardaient d'apparaître au grand jour et recouraient de manière systématique à la technique du sous-marin. C'est ainsi que Lucien et son patron virent un homme franchir la porte, peu après la Noël, un petit carton à dessin sous le bras. Le visiteur était vêtu d'un manteau en cachemire de coupe sportive et portait beau la soixantaine. Avec des gestes précis et onctueux qui rappelaient ceux d'un prestidigitateur, il sortit de son attirail une liasse de vergé ancien, de couleur blonde, aux marges finement ondulées et délicates, comme une chevelure de femme. Il s'agissait de deux lettres autographes signées Michel de Montaigne. Édouard Mesens et Lucien se pinçaient et n'en croyaient pas leurs yeux. La première, du 28 avril 1582, s'adressait aux conseillers du parlement de la ville de Bordeaux ; la seconde, datée du 31 août 1583, au roi Henri III. L'ensemble couvrait une douzaine de pages d'une écriture magnifique. L'homme au cachemire se présenta comme un comte ; il assura détenir ces biens de famille. Édouard Mesens lui proposa un fauteuil, pendant que Lucien filait dans la pièce à côté rassembler la documentation. Le libraire procéda aux vérifications d'usage en hochant régulièrement la tête, avant d'interroger le vendeur :

« Quelles seraient vos conditions ?

– La comtesse et moi souhaiterions vingt mille francs pour l'ensemble », articula le vieux beau.

On aurait dit qu'il bataillait de la langue, avec une chaussette dans la bouche. Lucien se raidit d'un coup, la narine frétillante, l'œil grand ouvert, comme un chat à l'affût de sa proie. Édouard Mesens reprit les feuillets en main avec calme, les retourna posément, les caressa dans tous les sens de la pulpe du doigt. Il semblait abîmé dans des délibérations complexes. Après un long suspens, il finit par trancher :

« Je regrette vivement, monsieur le Comte, je ne peux prétendre donner suite à votre proposition, car elle excède mes moyens. »

« Des faux ? risqua Lucien, sitôt que Michel de Montaigne fut reparti sous la neige.

– Hélas non, tout à fait authentiques, répondit Édouard Mesens.

– Vous pouviez décupler, je ne comprends pas, expliquez-moi. Toutes ces denrées rares à longueur de journée, je vous le dis, patron, vous êtes en train de vous gâter le goût des joies simples !

– Cinq cent mille, Lucien, tu comprends, j'aurais pu en tirer cinq cent mille, au moins. Tu ne vois pas le problème, justement ? Une règle d'or : un innocent n'a pas de prix. Pour moi, ce sont des lettres volées, ou payées des clopinettes, ce qui revient au même. »

Édouard Mesens révéla qu'il connaissait les deux pièces autographes en question, de réputation. Elles comptaient parmi les seules de Montaigne conservées en mains privées. Il croyait se rappeler qu'elles appartenaient au libraire Georges Lipschitz, rue de l'Odéon, que le vieil homme en parlait avant-guerre avec des trémolos dans la voix comme du clou de sa collection. Lucien lui apprit que les volets de la boutique, près du théâtre, restaient totalement clos depuis le 20 décembre. Aux dernières nouvelles, les affiches qui annonçaient la mise en vente sous le label « Entreprise juive – Judisches Geschäft » venaient tout juste d'être retirées.

« L'hallali a donc sonné, déjà les chiens sont lâchés », conclut Édouard Mesens d'un ton lugubre.

Le samedi 18 janvier 1941, Lucien tenait seul la boutique, vers 15 heures, quand Jef Goldman poussa la porte. Les deux hommes tombèrent dans les bras l'un de l'autre avec émotion. Ils se félicitèrent longuement de se retrouver sains et saufs, après tous ces jours de mauvais temps. En seize mois d'absence, le soldat-philosophe n'avait guère changé d'allure ni de coiffure : le poil restait près du caillou. Le sourire évoquait encore une forme de grâce enfantine, pourtant quelque chose dans le visage s'était épanoui. Les deux hommes se racontèrent le temps perdu comme en sprintant, le souffle court. Jef Goldman avait été mobilisé le 3 septembre 1939 et versé avec le grade de lieutenant dans un régiment d'artillerie antiaérienne, le 404e RADCA. Peu après, promu capitaine, il s'était vu confier le commandement d'une batterie munie d'un canon 75 CA au nord de Saint-Quentin, près de Caudry. Lors de la débâcle de mai, il avait abattu sept avions ennemis avec sa DCA, avant de se faire poisser par les troupes allemandes en rase campagne, avec sa petite unité et tout son matériel. Il avait ensuite été transféré à l'Oflag IV-B en compagnie d'officiers français dans la forteresse de Königstein, à la frontière de la Saxe et de la Silésie. Il s'était juré de se faire la belle avant le premier jour de l'hiver. Il avait réussi à s'évader le 2 décembre, avec un capitaine, en se dissimulant dans un panier à linge. Il n'était à Paris que depuis quelques jours, en clandestin. Il avait besoin d'argent pour passer la ligne de démarcation et rejoindre Toulouse, où il comptait sur la présence de son frère. Lucien l'assura d'un secours matériel et lui fit promettre de réserver toutes ses soirées jusqu'à son départ en zone libre. Il tenait à ce que le philosophe fît plus ample connaissance avec sa fiancée, Laura. Elle aussi avait fait la guerre, dans son laboratoire, le jeune homme était curieux de les entendre échanger leurs impressions de campagne. Il mentionna le nom d'un bon restaurant et attira au passage l'attention du philosophe sur les dangers du quartier Saint-Germain :

« Le siège de la Luftwaffe est à vingt mètres d'ici à peine, dans les locaux du Sénat. En somme, c'est un peu comme si tu revenais narguer tes victimes encore pantelantes », s'esclaffa Lucien au moment précis où un officier allemand enfonçait la porte avec fracas.

L'homme paraissait immense, le visage aigu, glaçant. Il portait un uniforme de couleur bleue taillé près du corps, avec des galons en or, un aigle sur le képi, un autre sur le torse. Au col de la chemise pendait une croix de corne noire bordée d'argent. Le héros de la Luftwaffe avait l'air furibard.

« *Keine jüdische Schreiber ! Keine jüdische Schreiber !* » hurla-t-il, raide comme un piquet, en donnant des coups de menton en l'air. Puis il frappa sa canne avec force contre le meuble qui supportait les livres en vitrine, avant d'ajouter : « *Die jüdische Schreiber sind strengt verboten, Herren, strengt verboten !* »

Lucien resta paralysé, incapable de la moindre initiative dans une situation qui lui échappait totalement. D'une voix douce et polie, Jef prit alors la parole et formula une question en allemand. Le philosophe écouta la réponse du militaire avec attention. Il se pencha ensuite au-dessus du présentoir et retira de la vitrine deux volumes, qu'il tendit à Lucien en le priant de les escamoter sur-le-champ. Il s'agissait des *Principes* de Spinoza et d'un recueil romantique de *Lieder* de

Heinrich Heine. Jef Goldman raccompagna tranquillement le militaire vers la sortie et, en quelques phrases, réussit l'exploit d'arracher un sourire au nazi.

« Ton patron manifeste un certain courage, il te fait prendre des risques, conclut Jef, plus tard, en regardant Lucien droit dans les yeux. Mais, puisque l'histoire se mêle de nous manger la tête, il faudra bien se résoudre un jour à des formes d'action d'un goût moins sélect. »

4

De la communauté des femmes

Quelques semaines seulement après l'armistice, un dimanche, à Vichy, à l'heure de la sieste, un groupe de six hommes se retrouvait dans une petite loggia de verre discrète, au dernier étage d'un palace cinq étoiles. Le cadet de la bande avait vingt-huit ans, l'aîné trente-cinq. Tous portaient la même cravate bleu outremer assortie à leur chevalière, la même chemise blanche avec des boutons de manchettes en argent nacré. Confinés dans ce qui ressemblait à une serre, au beau milieu du mois d'août, ils mouillaient le col avec ardeur, comme de fringants taurillons réunis sous le joug par le sens de l'effort. C'est que le commando se sentait investi d'un honneur peu commun : penser l'avenir du pays, la reconstruction des valeurs, en un mot, l'âme française. Et partant : décider des ambitions et du détail des moyens de la « Révolution nationale » prônée par le maréchal Pétain. Il leur revenait de faire preuve de méthode, mais aussi d'imagination, de souplesse quant à l'ordre du jour, tout en évitant la dispersion. Au chapitre des réformes symboliques – très appréciées au sommet du pouvoir, en raison de leur innocuité budgétaire –, l'opportunité de rebaptiser le Collège de France fut soumise au débat ; et défendue avec éclat. Le rapporteur de la cause s'appelait Emmanuel Des Essarts, un normalien de trente-deux ans agrégé d'histoire, un élément prometteur qui possédait déjà une solide expérience des arcanes de l'État. À titre de préambule, le technocrate déplora que l'institution offrît un séjour agréable à de nombreux trublions. Sans parler du cas de Joliot-Curie, et de ses équipes de métèques, il confirma l'identification de nombreux israélites parmi les groupes de chercheurs, des trotskistes de tout poil, des communistes en pagaille, à qui le gouvernement se devait d'adresser de toute urgence un « choc de cohérence ». Il proposa le réajustement qui sonnait le plus clair, le plus nettement « pays réel » à l'oreille, à savoir : « le Collège de la France éternelle ». L'idée fut jugée supérieure par chacun des oracles en présence et adoptée sur-le-champ à l'unanimité, pour proposition immédiate.

Les Jeunes-Turcs de Vichy n'étaient pas les seuls à s'intéresser au Collège de France et au département de chimie nucléaire. Deux jours plus tard, de retour à Paris, le Prix Nobel reçut un ultimatum des mains du général Schumann. Un ultimatum rude, sans équivoque, traduit en ces termes par l'interprète : poursuivre les recherches en collaboration avec les Allemands, ou bien retourner à la pêche. Sommé de se prononcer sans délai, le physicien français refusa tout net de signer l'ordre de reprise du travail que lui tendait le général. Il posait en principe que les occupants avaient besoin de lui, il attaquait donc la partie comme on bluffe au tapis. Il ne risquait pas seulement une carrière, un labo, un cyclotron, il engageait à ses côtés le destin de l'ensemble d'un personnel qui, à l'instar de Laura, comptait un bon nombre de réfugiés venus de l'Europe entière. Joliot-Curie les avait attirés à Paris ; il se sentait pour le moins responsable. Aussi, le soir même, accepta-t-il de renouer officieusement le dialogue. Il consentit à un rendez-vous dans un bar du quartier Saint-Michel avec l'interprète de Schumann. Ce dernier se nommait Wolfgang Gentner. Il était membre de l'*Uranverein*, spécialiste de physique nucléaire. Les deux chercheurs avaient correspondu avant-guerre au sujet du cyclotron. Joliot-Curie n'ignorait rien de l'admiration que lui vouait son homologue allemand, ni son désir sincère de le voir collaborer : il en profita pour disputer ses locaux avec âpreté. Comme l'avait pressenti le Prix Nobel, Gentner se révéla un avocat extraordinairement efficace : en quelques semaines, il réussit le tour de force de faire avaliser la plupart des extravagances de sa diva par son supérieur, Erich Schumann. À titre de préambule, et non des moindres, les deux parties renoncèrent d'un commun accord à soumettre leurs travaux à des objectifs militaires. Elles convinrent, ensuite, qu'aucun ressortissant allemand ne devrait pénétrer dans les locaux du Collège de France, en dehors des scientifiques accrédités de l'équipe de Gentner. Encore ces derniers étaient-ils priés de se montrer discrets, de retirer leur uniforme et d'emprunter la porte latérale, impasse Chartière. Selon les termes du contrat, les occupants disposaient au total de deux pièces isolées au sein du laboratoire et de l'accès libre au sous-sol du Collège, où ils pourraient étudier le fonctionnement du cyclotron en bénéficiant d'une assistance française. Seul Joliot-Curie conservait le droit de circuler librement dans tous les lieux, en permanence. Il demeurait en outre maître exclusif du recrutement et de la composition des équipes du département de chimie nucléaire.

Lucien se sentit soulagé de savoir Laura à l'abri des contrôles sur son lieu de travail. Placé sous tutelle exclusive des services militaires, le Collège de France se trouvait soustrait à l'autorité de tous les autres services de l'occupant, notamment de police et de renseignements. Il jouissait d'une position d'extraterritorialité, unique dans la capitale. Sur la façade de l'édifice, place Marcelin-Berthelot, Lucien était tombé sur l'affiche que Wolfgang Gentner avait pris le soin de faire placarder. En français et en allemand : « Le professeur Joliot, directeur du laboratoire du Collège de France à Paris, travaille par ordre du chef du commandement militaire en France avec des savants allemands et se trouve, du fait de cette mission en tout point prioritaire, sous la protection de l'armée allemande. » D'après Laura, le concierge était même, très officiellement, chargé d'activer l'alarme incendie, au cas où un nazi, militaire ou civil, franchirait le porche.

À Vichy, l'idée de contrarier le Prix Nobel prenait du plomb dans l'aile. Des Essarts enregistrait avec tristesse le revirement du gouvernement à l'égard d'un universitaire qui restait soupçonné de tendances bolcheviques. De toute évidence, Frédéric Joliot-Curie savait imposer sa valeur. Peu avant Noël, l'administration française agréa d'un coup cinq procédures de naturalisation en faveur de chercheurs étrangers du Collège de France. Le coup de bluff se révélait payant : Laura Montale venait d'obtenir la nationalité française.

Rue de Tournon, l'esprit de résistance s'emparait à son tour de la librairie. Au fil des mois, la boutique de Mesens avait évolué de manière sensible pour s'ouvrir à un nouveau public, moins âgé. Sous l'impulsion de son propriétaire, elle s'était réorientée vers la littérature vivante et s'imposait peu à peu dans le panorama culturel parisien comme un rendez-vous incontournable. Aux yeux de tous les initiés, *Les Corps intermédiaires* passaient désormais pour le point de convergence des écrivains réfractaires, le *nec plus ultra* de la poésie du refus. Dès la publication de la première Liste Otto, il est vrai, Édouard Mesens avait pris la décision de surseoir à la parution de ses bulletins périodiques tant que les auteurs juifs en seraient légalement proscrits. Instruit par le Cercle de la librairie des conditions déshonorantes faites à l'édition française par l'occupant, il s'était, en revanche, lancé dans la recension des imprimés clandestins qui, ici et là, commençaient à fleurir. Il n'avait accepté dans la confidence que deux ou trois confrères, quelques courtiers sûrs et un thésard de la Sorbonne. Ces derniers étaient chargés de rabattre tout ce qu'ils pouvaient dénicher, à droite, à gauche, contre l'esprit *trafapa* (*Travail, Famille, Patrie*), en fait de tracts et de journaux publiés sous le manteau, de plaquettes parues sans le visa de la censure. Édouard Mesens ambitionnait de consacrer à la production illégale un numéro spécial de la *Bibliographie de la France.* Il projetait de fabriquer un faux qui, d'un point de vue matériel et typographique, fût une imitation parfaite de la *Bibliographie* officielle. Lucien participait aux investigations activement, sans mégoter sur son temps libre. Il chinait surtout dans les bars les petits rectangles de prose explosive oubliés sur les tables par des clients anonymes.

En février, Édouard Mesens décida d'élargir le champ de sa documentation à la zone sud. Pour ce faire, il sollicita le conseil de quelques intellectuels parisiens et noua par courrier de nombreux contacts. Il souscrivit un abonnement de soutien à chacun des périodiques qui défiaient avec régularité la censure de Vichy : *Poésie 41* à Villeneuve-lès-Avignon, *L'Arbalète* et *Confluences* à Lyon, *Existences* à Saint-Hilaire-du-Touvet, *Profil poétique* à Nice, *Les Cahiers du Sud* à Marseille, *Toutes Aures* à Aix, *Pyrénées* à Toulouse, *Fontaine* à Alger.

Tout un budget qu'Édouard Mesens consacrait sans renâcler à une lubie désormais dévorante. Lucien le regardait se passionner pour les productions de l'intelligence en guerre et toute la géographie nocturne de la résistance littéraire. Dans les revues, Mesens ne se contentait pas de traquer le sous-entendu, il arpentait un continent inconnu ; entre les lignes, il cartographiait une nouvelle Atlantide. Lui, l'éminent seiziémiste, spécialiste de Maurice Scève et de Pernette du Guillet, s'initiait à une dimension de la poésie contemporaine qu'il n'avait encore jamais soupçonnée, les poètes eux-mêmes, avec leurs manières bourrues, leurs colères, tout d'un bloc : la tête au-dessus des nuages, certes, mais le corps tendu vers l'action. Il s'entichait de leurs traces et conservait avec religion la moindre vétille. Il cherchait à se procurer un peu partout des éditions originales, des autographes, des photos, comme des instantanés qu'on réunit pour constituer un album de famille.

Au printemps, Édouard Mesens accepta le dépôt d'un brûlot clandestin : *Résistance : bulletin officiel du Comité national du salut public*. Il s'agissait de feuillets 21 × 27 ronéotés dans les locaux du musée de l'Homme, avec une encre noire assez pâle : « L'obéissance, chez nous, n'est ni aveugle ni mécanique. Elle permet de penser. » Le libraire manipulait les exemplaires comme s'il se fût agi de reliques sacrées et les stockait, avec les manuscrits, dans son coffre-fort. À l'abri de son bureau insonorisé, il prenait soin de ne les distribuer qu'au compte-gouttes, à des apôtres triés sur le volet. En revanche, il permettait à chacun de les consulter : protégés sous papier transparent, les journaux trouvaient ainsi des dizaines de lecteurs sans détriment. La petite pièce capitonnée offrait l'avantage d'une deuxième sortie sur la cour intérieure de l'immeuble. De là, il était possible de rejoindre la rue sans repasser par la librairie ; ou alors de gagner les appartements du couple au sixième étage. Grâce à ce dispositif, Édouard Mesens se sentait en sécurité et recevait sans discontinuer. Tous les jours, Lucien serrait la main d'artistes, de philosophes, de gérants de revue, d'intellectuels à la mode. Il parvenait chaque semaine à repérer de nouvelles têtes : José Corti avec sa casquette de directeur, le propriétaire d'un comptoir d'édition en face du Luxembourg, ou encore René Lacôte, libraire rue Vaneau, à l'enseigne de *Vulturne*. Le jeune apprenti étudiait désormais les poètes en chair et en os : Louis Aragon, de passage en zone nord ; Robert Desnos, qui habitait juste en face ; Benjamin Fondane, Georges Bataille, Michel Leiris… Tout un régiment de poètes, en somme, dont Lucien n'hésitait pas à railler l'efficacité militaire. Avec Laura, il qualifiait même leur engagement de « posture esthétique » et toisait avec sévérité ces résistants qui ne savaient pas se servir d'un fusil. Par comparaison, il admirait le parcours de Jef, cette clairvoyance qui avait conduit le philosophe à la décision de combattre le fascisme par les armes dès 1938. Quitte à courir le danger, comme tous les nouveaux amis de Mesens semblaient l'accepter, autant que l'ennemi le sente passer. Si au moins leur camelote présentait un quelconque intérêt, mais Lucien l'estimait d'un mysticisme frelaté, encensé de fréquents relents de bénitier. Il jugeait l'inspiration générale d'un lyrisme nationaliste écœurant, totalement ignorant des sommets où le poème avait pu se porter. Il établissait, du reste, un lien direct entre la surproduction poétique de l'époque, la fréquentation de la boutique et les privations alimentaires dont le pays était affligé ; sans oublier le taux de chômage, galopant. Langueurs extatiques, symptômes hallucinatoires de cachexie, borborygmes au nom de la vraie Poésie, Lucien lorgnait avec la plus grande circonspection l'armée de prophètes qui se levait dans le pays.

À parler franc, le jeune homme chipotait son plaisir pour des motifs moins abstraits. Les querelles de clocher qu'il opposait au nouveau credo du libraire, toute cette mauvaise foi ne témoignait au fond que d'un ressentiment diffus de l'employé à l'égard du patron, d'une détérioration insidieuse du rapport humain à travers un court laps de temps. Lucien avait la sensation qu'Édouard Mesens le tenait à l'écart constamment. Il craignait, en réalité, de ne plus lui inspirer qu'une confiance relative. En toutes circonstances, Lucien se montrait sérieux avec l'argent. Sa probité n'était pas en cause, ni sa loyauté, qu'il ne marchandait jamais. Il s'agissait d'autre chose. Depuis quelque temps, Édouard Mesens semblait brider son naturel et apprenait à se taire. En tout cas, il se défiait de son apprenti. Lucien le devinait à certains signes. Le libraire ne lui présentait plus ses invités de manière systématique. Désormais, le contenu des entretiens qui se déroulaient dans son bureau demeurait secret. Lucien l'avait remarqué en maintes occasions depuis quelques mois : chaque fois qu'il approchait une conversation à laquelle participait son patron, c'est le silence qui se précipitait à sa rencontre, comme une réaction chimique. En vérité, démêlant, dans le non-dit, le caché du tacite, le jeune homme devinait sans peine que le secret Défense ne frappait pas la marche des affaires, mais uniquement les activités extra-professionnelles de Mesens. Pour autant, il ne croyait pas à la sollicitude du libraire. Au contraire : à ses yeux, une telle suspicion ne pouvait signifier qu'un acte de défiance politique.

Sur le fond, Lucien admettait que son patron n'avait pas tout à fait tort. Le jeune homme songeait à son père, à la figure héroïque du prolétariat morte au front social, à l'âge de vingt-quatre ans. *L'Humanité* avait tenu sa une huit jours sur l'assassinat ; le Parti communiste s'était chargé de patronner des funérailles nationales. Muni de ces saints parrainages, Lucien se savait brûlé sur le plan politique, comme marqué d'un trait rouge au beau milieu du visage. Du reste, il ne s'était jamais senti aussi intimement, aussi essentiellement communiste que depuis la signature du pacte germano-soviétique. Bien entendu, il ne pouvait souscrire au « réajustement tactique » de Moscou. Il le trouvait d'un cynisme odieux. Il se moquait même éperdument du devoir de défense auquel s'astreignent d'ordinaire les militants dans leur dévotion inconditionnelle à la mère patrie du communisme. Mais les mesures de police décrétées par l'État français à l'encontre des militants et des sympathisants du Parti, dès la fin août 1938, lui avaient opportunément rappelé qu'il appartenait moins à une constellation idéologique qu'à une famille biologique. Chaque persécution nouvelle avait enfoncé cette marque de naissance plus profondément dans sa chair. Après l'interdiction faite à *L'Humanité* de reparaître, après l'exil et l'arrestation de deux mille huit cents élus communistes, la réaction française la plus grossière s'en était donné à cœur joie. Elle jubilait à l'idée de délivrer des certificats d'indignité nationale. Après l'humiliation du Front populaire, elle tenait sa revanche de classe, enfin. Monsieur Verhegger, par exemple, leur voisin rue de Tournon, un électricien hors pair, avait dû fermer boutique pour couper court au harcèlement de la police, après une quinzaine de perquisitions en l'espace de trois mois. Il n'avait pourtant payé qu'un an ses vignettes, à l'heure héroïque du mouvement populaire. Les enquêtes s'étaient multipliées tous azimuts, bientôt étendues aux données fiscales. Elles s'alimentaient de dénonciations spontanées, par milliers, entre voisins, entre collègues, entre Français. On ne comptait plus les cas de démission forcée chez les fonctionnaires. On racontait aussi que des flics en civil surveillaient les rames de métro à toute heure, les salles de restaurant, les files d'attente au ciné. Les agents de la répression traînaient dans les bars, à l'affût des propos subversifs, des confessions mélancoliques, prêts à bondir à la moindre imprudence. Ces caméléons mouchards savaient se fondre dans les décors les plus variés et ne se dévoilaient, disait-on, qu'au moment de sortir les menottes.

De la déclaration de guerre à la débâcle, les bruits les plus alarmants avaient circulé, concernant le sort réservé aux soldats communistes cantonnés sur la ligne Maginot. Ces derniers étaient partis au front marqués au sceau de l'infamie, de la traîtrise à la patrie, tout juste bons, pour l'opinion, à fournir de la chair à canon. La propagande communiste valait un crime aux yeux de la loi ; un cas de sentence de mort. À la veille de l'assaut fatal, la rumeur avait couru d'un plan de liquidation totale du rouge dans les casemates. Les événements en avaient décidé autrement, mais Lucien se persuadait que le plan demeurait inchangé pour le gouvernement, même après la défaite. Il ne pouvait s'empêcher de penser qu'il existait, entre les mains de l'armée française, dans les bureaux de la préfecture de police de chaque département, un fichier recensant les noms, les adresses, les professions et les données anthropométriques de tous les communistes français, militants et sympathisants. Cette idée le happait souvent. Elle lui semblait réfléchir une lueur à la fois inquiétante et flatteuse. L'État le comptait au nombre des réprouvés. Le jeune homme se sentait soulagé : au fond, il ne souhaitait rien d'autre.

Sous couvert de plaisanterie, le patron aimait bien titiller les raideurs dogmatiques de son jeune apprenti, du moins en petit comité. Lucien objectait invariablement que ce n'était pas lui qui avait épousé le marxisme, mais la réalité. « Un spectre hante la planète », répétait-il en détournant la première phrase du *Manifeste du Parti communiste* comme un argument d'autorité. Le jeune homme se souvenait encore de sa rencontre avec le texte, quelques années auparavant, dans la traduction de Laura Lafargue, la fille de Karl Marx. Pour la première fois de sa vie, il avait vu tomber la foudre juste à côté de lui. Il se rappelait la sensation de grand vent qui l'avait saisi en tournant les pages, peu avant le début de l'orage. Puis une succession d'éclairs s'étaient abattus sur son univers, dévoilant des paysages insoupçonnés, des pans entiers du monde cachés dans l'ombre de la terre. Rien dans la poésie, pas même Arthur Rimbaud, ne lui avait paru donner cette impression d'éclat sans retour comme la prose que les deux compères consacrent dans le *Manifeste* au capital. Le livre refermé, le regard demeurait ouvert à jamais. Pour Lucien, le monde avait trouvé de nouvelles lignes de fuite. Tout autour, l'universel se révélait dans une lumière inédite : l'individuel, désincarcéré à la dynamite.

Lucien aurait pu souscrire avec sincérité à chacune des thèses, à chacune des analyses de Marx et Engels. Il admirait la sûreté de méthode des jeunes philosophes, l'autorité dont ils avaient fait preuve à moins de trente ans. Il se galvanisait de l'énergie incroyable que dégage le sarcasme, le rire énorme, en toutes circonstances. Seul un détail le chagrinait, vraiment. Un passage de « Prolétaires et communistes », au deuxième chapitre du *Manifeste*, dans lequel les auteurs répondent à une objection courante. Au reproche qui leur est opposé de vouloir instituer la communauté des femmes, ils croient bon de rétorquer : « Les communistes n'ont pas besoin d'introduire la communauté des femmes. Elle a presque toujours existé. Nos bourgeois, non contents d'avoir à leur disposition les femmes et les filles de leurs prolétaires, sans parler de la prostitution officielle, trouvent un plaisir singulier à se cocufier mutuellement. Le mariage bourgeois est, en réalité, la communauté des femmes mariées. » Lucien en avait froid dans le dos, rien que de le lire. Il pensait à Laura, à la passion qu'elle lui inspirait : aux transports amoureux. À ses yeux, ni la moitié d'organe dont chacun disposait, ni les émotions sexuelles ne leur appartenaient en propre, mais elles ne pouvaient s'épanouir réellement qu'entre eux deux. Traversé par la logique de l'espèce, Lucien se voyait entrer avec Laura dans le champ du sacré. Et avec personne d'autre. Ainsi, sous la pensée révolutionnaire se perpétuaient des sentiments archaïques. Lucien manifestait un tempérament jaloux.

Avec le retour des beaux jours, Laura passait à nouveau de fréquentes nuits rue d'Alésia, seule chez elle, pour réviser ses partiels. Lucien ruminait dans sa chambre de bonne pendant de longues heures, accablait Zonzon de solitude et de dépit, en toute injustice. Il n'aurait su préciser quoi, mais quelque chose avait changé dans l'allant général de Laura. Un détail : délaissant le carré, elle coiffait désormais sa chevelure en chignon au moyen d'un pinceau long et fin. Plus troublant, peut-être, elle avait perdu quatre de ses faux carrés Hermès en l'espace d'un mois, sans parvenir à se rappeler où ni quand, sans paraître attacher à ces pertes la moindre importance. Elle répondait à côté, de préférence. Parfois, elle prenait l'air absent et se mettait à évoquer les tensions au Collège de France. Elle disait que l'ambiance au laboratoire s'était gâtée. Depuis quelque temps, Joliot-Curie soupçonnait les Allemands de bricoler le cyclotron dans le but de produire des isotopes à usage militaire. En vérité, les équipes française et allemande s'accusaient mutuellement d'espionnage et assuraient désormais une surveillance discrète de leurs installations respectives. Laura n'en finirait donc jamais de penser au travail. Lucien contemplait ses cheveux noirs, rebelles, sur son cou délicat. Il se rappelait un poème qu'il avait traduit de l'anglais, patiemment. Il résumait assez bien son sentiment :

il n'en sera peut-être pas toujours ainsi ; et je dis
que si tes lèvres, que j'ai aimées, devaient toucher
celles d'un autre, et tes doigts vénérés empoigner

son cœur, comme le mien en un temps pas si lointain ;
si sur le visage d'un autre ta chevelure venait à s'étaler
douce, dans ce silence que je connais, ou ces
mots faits pour la torture qui, à signifier trop grand,
restent impuissants devant l'esprit aux abois ;

si cela devait être, je dis si cela devait être –
toi de mon cœur envoie-moi un petit mot ;
que j'aille à sa rencontre, lui serrer les mains,
et lui dire, Recevez tous mes vœux de bonheur.
Alors je détournerai la tête, pour entendre le chant
D'un oiseau terriblement loin dans les terres désertes.

5

La malédiction

« Travailler pour l'incertain, aller sur la mer », avait seriné Jef Goldman, lors de son séjour à Paris. Un mot d'ordre explicite, en définitive, pour l'action. Mais, le premier jour de l'été 1941, avec l'invasion de l'Union soviétique par les troupes allemandes, la mer semblait s'être retirée d'un coup loin du littoral, à des lieues désormais du point de vue du jeune apprenti. Depuis l'ouverture du front de l'Est, il est vrai, la chasse aux communistes prenait en France un tour officiel. L'occupant multipliait les perquisitions, les rafles, les interrogatoires ; il réprimait avec une férocité inédite, n'hésitant plus à exécuter des otages. À l'horizon, Lucien contemplait les lueurs d'incendie qui envahissaient le ciel et finissaient par se rapprocher dangereusement de lui. Il se sentait comme une barque échouée dans les blés, paralysée sous les assauts du vent, promise à l'holocauste. Il nourrissait d'ailleurs ses craintes à grand renfort de préjugés courants quant à la suprématie du vainqueur. À titre d'exemple, il croyait dur comme fer à l'efficacité teutonique, à la rigueur bureaucratique nazie. Il se figurait que la Gestapo saurait exploiter les fichiers recensant les indésirables infiniment mieux que la police française n'avait su le faire au cours des deux dernières années. Le soir, dans sa chambre de bonne, seul en compagnie de son petit lapin, il guettait les bruits de couloir avec une pointe d'anxiété. Il se persuadait que personne ne viendrait le débusquer là, sous les toits, au sixième étage, et réussissait toujours à s'assoupir tôt ou tard. À la boutique, en revanche, la sonnerie de la porte le confondait à chaque fois, comme le coupable à son heure. Par un mouvement réflexe, ses orteils se recroquevillaient alors, pareils aux serres d'un aigle qui décolle, tendons à bloc. Il s'efforçait d'endiguer les flots d'angoisse en disciplinant son souffle, en calmant les battements de son cœur, en se pinçant jusqu'au sang, quand il le fallait, pour éprouver à nouveau la limite sensible du corps. Grâce à ses exercices respiratoires, il se maîtrisait tant bien que mal et tâchait de ne rien laisser paraître de son trouble au-dehors.

Édouard Mesens ne l'avait pas remarqué jusqu'alors, mais Laura mesurait la folle inquiétude de son homme à ses mains constamment moites. En toutes circonstances, elle faisait preuve de douceur, de patience maternelle, et, par ses baisers, tentait de ramener la paix sur son front tourmenté. En pure perte. Fin octobre, c'est une histoire de bout de ficelle qui porta le cas de paranoïa à son comble.

Lucien sortait à peine de la librairie vers 15 heures, ce jour-là, pour entamer sa tournée, lorsque Édouard Mesens le rattrapa dans la rue : il avait oublié un colis urgent sur la table. La carriole à main était déjà pleine, le jeune homme arrima le barda comme il le put, au sommet du toutim ; puis il se mit en chemin, direction le Panthéon, en poussant le chargement de tout son poids contre la pente. Alors qu'il amorçait un virage à gauche, devant le Sénat, un peu vite dans la rue de Vaugirard, au bout du square, la fixation céda. Le colis du patron valdingua par terre, glissa sur plusieurs mètres et finit par s'immobiliser devant l'entrée de l'édifice, aux pieds du binôme de soldats qui se trouvait de faction. Lucien se glaça d'effroi. Au sol, l'emballage de kraft venait de libérer trois demi-maroquins dont les plats se maintenaient, de manière intriguante, par de larges élastiques. Chacune des reliures enserrait une liasse de feuillets épais qui ne correspondait en rien au profil ordinaire d'un livre. Les tranches offraient une teinte beige peu banale. Le jeune homme nota des disparités locales d'épaisseur, ainsi que la présence de stries noires d'égale longueur. Il reconnut sans difficulté une pile de cartes d'identité avec leurs photos réglementaires, grossièrement maquillée en livre factice. Sur l'instant, il crut percevoir les premiers accords d'une marche funèbre, quelque part dans la grisaille lointaine des jardins du Luxembourg. Lentement, il leva la tête, résigné à défier ses futurs bourreaux avec panache. Il se redressa tout à fait et, quand enfin il leur fit face, les yeux dans les yeux, bien loin de l'affoler, les deux soldats explosèrent de rire et commencèrent à se taper réciproquement les côtes. Les nazis se gaussaient de son infortune et de celle plus générale des livres : Lucien ramassa posément les trois reliures en mimant les gestes de fatalisme d'un tâcheron, ce qui ravit son public. Sans doute les anciens pilotes de la Luftwaffe étaient-ils devenus inaptes au service des avions en raison de leur myopie. Depuis l'ouverture du front de l'Est, il est vrai, il ne stationnait à Paris que des troupes âgées de plus de trente-cinq ans, de vieux débris, en somme.

Pour Lucien, en tout cas, l'incident confirmait de manière éclatante les dispositions que le patron entretenait à son endroit. Le jeune homme s'attristait du rôle que Mesens entendait lui assigner dans le cadre de ses activités illégales : une vulgaire mule, alors que Lucien aurait accepté de jouer le porte-flingue avec enthousiasme. Il demeurait perplexe quant à la ligne de conduite qu'il convenait d'adopter à l'avenir.

Il s'en ouvrit à Laura un soir, sollicita ses conseils. Elle suggéra qu'il vide son sac, sans tarder. Il ne l'entendit pas, vexé. Pour finir, il se procura de la ficelle de sisal authentique, en recourant au marché noir, sur ses propres deniers. Sans le moindre commentaire, il remplaça la ficelle de papier, minable, dont Mesens se contentait désormais. Plus que l'attitude de son employeur, au demeurant, c'était le silence du destinataire des faux papiers qui lui portait une véritable peine. Lucien croyait la Taupe un ami sincère. Il s'était ouvert à lui en confidences, au fil des mois ; ils avaient partagé le même toit. La Taupe affichait des sympathies communistes, Lucien se mortifiait d'autant plus de le voir rejoindre Mesens dans son ostracisme. Il ne pipait mot, mieux : il continuait à jouer la mule. Il ne parvenait pas à leur jeter la pierre. Mais après la Taupe, qui d'autre ? L'infamie du jeune homme ne représentait-elle pas une égale menace pour Laura et Monny ? Qui sait si, eux aussi, ne se gaffaient pas de lui ?

Dès la mi-novembre, Lucien acquit la certitude qu'il était suivi. Depuis quelque temps déjà, la pratique de la marche lui procurait des sensations étranges. Ses pas lui semblaient doublés d'un écho discrépant. Il éprouvait régulièrement des tensions au bas de la nuque, des raideurs de torticolis, des frissons dans le dos. Les crispations lui rappelaient les séances de composition écrite, à l'école primaire, quand l'instituteur se faufilait en tapinois derrière lui et se penchait au-dessus de son épaule, afin d'évaluer le travail en cours. Pour Lucien, l'instinct ne pouvait se tromper : les nazis décortiquaient ses habitudes, ses fréquentations, et le collaient le temps de loger un à un ses contacts, avant de procéder à son arrestation.

Le jeune homme décida donc d'élaborer différentes stratégies destinées à déjouer la surveillance à laquelle il se croyait soumis. Il avait dévoré un grand nombre de romans noirs au cours de ses jeunes années, lorsqu'il s'ennuyait au marché Biron, dans l'échoppe du grand-père. Il analysait parfaitement le principe même de la filature et surtout la faiblesse positionnelle de son adversaire : il suffit de démasquer un espion comme tel pour le mettre hors de combat. Lucien affectionnait le coup du lacet, un classique particulièrement opérant dans les couloirs du métro, quand il s'agit de mettre en évidence un fil à la patte. Dans une rame à l'arrêt, il attendait le plus souvent l'ultime seconde de la fermeture des portes pour s'extirper sur le quai. Quand il se rendait chez Laura, rue d'Alésia, il stoppait net à plusieurs reprises sur le parcours et n'hésitait pas à faire soudain demi-tour afin de confondre ses poursuivants. Parfois, il démarrait sur un coup de tête et courait huit cents mètres à toute allure, avant de s'arrêter pour reprendre son souffle. Peur de l'avenir et du présent, peur bruissante, c'est seulement au bout de ses courses folles que Lucien parvenait à s'accorder un moment de détente. Il prenait alors le temps de récupérer, de savourer les parfums de l'air, d'observer les jeunes gens aux terrasses des cafés. Le décor n'avait pas tant changé depuis l'avant-guerre, pourtant Lucien se sentait vivre comme jamais.

De manière générale, il diversifiait autant que possible

les comportements incohérents, car ils se révélaient les plus difficiles à reproduire avec pertinence. En pleine journée, lorsqu'il tenait à garder secret le but d'une promenade, il commençait toujours par une escapade au cimetière Montparnasse. Laura lui en avait découvert les potentialités érotiques : il en fit un filtre, un centre de tri, une rose des vents. Avec ses trois stations de métro à proximité, ses quatre sorties, ses innombrables cachettes, le cimetière Montparnasse semblait le lieu idéal pour dissiper les fantômes. Lucien ne procédait jamais autrement quand il se rendait chez Monny. Le poète moquait au passage son côté Hamlet, cette passion filiale des cimetières, mais il appréciait à sa juste valeur la prudence du jeune homme. En vérité, de tous les êtres que fréquentait Lucien, Monny, seul, pouvait intimement le comprendre. Depuis la promulgation du statut des juifs, le ressortissant yougoslave avait perdu sa boutique de brocanteur et changé plusieurs fois de planque. Il vivait en clandestin dans un petit appartement au bout de la rue de Vanves, au fin fond du XIVe arrondissement. Il possédait bien de faux papiers, mais leur facture médiocre ne l'inclinait guère à s'exposer dehors sans nécessité absolue. Il restreignait donc son commerce à quelques libraires et clients de confiance, et ne se risquait en ville que pour les transactions importantes.

Monny connaissait ainsi un état de semi-liberté depuis plus de quatorze mois, lorsque, le 24 décembre 1941, il avait entrepris un voyage à destination de Saint-Benoît-sur-Loire, à cent trente kilomètres au sud de la capitale, dans le département du Loiret. Il venait fêter le réveillon en compagnie du poète Max Jacob. Son hôte lui avait promis un festin de marrons glacés et de gâteaux à la crème, de truffes de Bourgogne, de vins fins et de volailles élevées par les meilleurs producteurs du coin. De son côté, Monny n'arrivait pas les mains vides. Il apportait une aquarelle de Joseph Sima, un porte-plume, quelques cadeaux sensibles. Le cartable contenait aussi des livres, dont le Serbe espérait la dédicace, ainsi qu'une enveloppe pleine de billets, au cas où Max Jacob accepterait de lâcher ses trésors.

Par miracle, les radiateurs du wagon chauffaient correctement. Le voyage se déroula sans encombre jusqu'à la gare d'Orléans, où Monny craignait de geler en attendant la correspondance pour Sully-sur-Loire. Il était 14 h 45 lorsqu'il mit pied à terre. Une brume épaisse enveloppait les installations ferroviaires. Sur le mur de la gare, le thermomètre indiquait des températures négatives d'une quinzaine de degrés. Dans le hall, le Serbe remarqua trois soldats allemands qui rigolaient entre eux ; il préféra laisser l'enceinte du bâtiment pour se réfugier dans un bar. Dehors, il repéra l'enseigne d'un bistrot, à une centaine de mètres. Il s'approcha de la porte, saisit la poignée mais se retint d'appuyer en apercevant deux uniformes de policiers français devant le comptoir. Il opéra un demi-tour discret, puis décida de regagner le quai n° 1 par le portail extérieur. Sur place, il chercha un coin à l'abri des regards et, pour finir, se planqua en bout de quai, derrière une baraque de ciment qui accueillait un transformateur. Il ne tarda pas à se sentir frigorifié. Il s'était pourtant couvert de nombreuses couches, chaussé d'un bonnet de mohair, équipé de gants et de souliers au cuir épais. Surtout, il osait à peine battre des mains ou taper du pied par terre, tant le silence autour lui semblait palpable, à fleur de peau. Le moindre bruit paraissait s'amplifier et se propager dans la ouate hivernale, comme un choc nerveux à travers un tissu organique. La buée de son souffle pouvait également le trahir, le poète résolut d'endurer en s'agitant le moins possible.

Vers 15 h 30, la délivrance semblait proche. Monny ne sentait plus ses pieds, ni ses lèvres, ni le haut de ses pommettes. Il perçut soudain des bruits de pas qui approchaient du transformateur : il pensa que les voyageurs se préparaient à embarquer, il ne s'affola pas, s'interdit de bouger. Il s'efforçait d'exhaler par le nez en direction du sol, quand les deux policiers français surgirent tout à coup, par surprise, et se dressèrent devant lui. Le plus âgé demanda à examiner les papiers du poète, puis son cartable, pendant que l'autre maintenait le contrôle d'identité sous la menace d'une arme.

« Nom et profession ?

– Claude Pascal, libraire à Paris. » Sous le coup de

l'émotion, Monny avait prononcé « Khlôt », avec un drôle d'accent.

« Un cas d'école, formula le premier flic, comme en aparté à l'intention du second, avant d'enchaîner : Deux prénoms, dont un pour patronyme : on croit avoir affaire à un simple bâtard, mais, en réalité, le bâtard se complique d'un juif. Retiens bien ça, mon gars : il n'y a que les chiens et les juifs pour se geler dehors le jour de la naissance du Christ. »

Monny encaissa la violence du choc sans désarçonner. Il protesta avec la dernière énergie qu'il rendait visite à un fervent catholique, un fidèle exemplaire, et comptait justement célébrer les fêtes de la Nativité en sa compagnie. Il connaissait même l'horaire précis de la messe du soir à l'église de Saint-Benoît-sur-Loire, les fonctionnaires pouvaient toujours vérifier le détail par téléphone ou dans le journal local. Il ajouta qu'il était baptisé, confirmé dans la communion, il proposa même de réciter le *Notre Père* en latin. Les deux flics échangèrent des regards entendus, affranchis des boniments : leurs yeux brillaient d'une joie sauvage.

« Parole de Judas ! » trancha le premier flic en dégainant son revolver de service. Il le pointa sur la tête de Monny, fit jouer le chien et lui murmura à l'oreille : « Il n'y a qu'un moyen de décider avec certitude : tu vas tomber ton froc et baisser ton calbute, sinon je te brûle la cervelle, ici même, devant tous les bourgeois. »

Autour d'eux, un attroupement s'était formé dans le

froid sibérien : les voyageurs et ceux qui les accompagnaient au pied du train. Le poète comprit à leurs visages qu'il ne devait espérer aucun secours de ce côté-là, aucune protestation. La plupart montraient de la curiosité, certains esquissaient même un sourire. Monny ne voyait pas comment se soustraire à l'humiliation, et à une arrestation certaine. La paralysie le gagnait. Il respirait mal, la cage thoracique oppressée, comme écrasée des deux côtés par les mâchoires d'un étau en acier. Sans hésiter, le flic frappa Monny à la tempe de la crosse de son arme ; le poète dut s'exécuter. Sonné, il ôta ses gants pour défaire le bouton de son pantalon puis se déculotta en levant le regard vers le ciel.

La petite foule se mit à se tortiller dans tous les sens, enfants et grands, à la recherche du meilleur angle pour admirer le spectacle. Les deux flics se massèrent les paupières, éberlués ; puis ils s'accroupirent ensemble à la hauteur du bas-ventre du Serbe pour scruter l'engin de plus près. Après un long moment, ils se redressèrent, édifiés, puis rengainèrent leurs armes avec des mines de commisération amusée. Incident clos. Monny fut prié de se rhabiller. La foule se dispersa aussitôt. Sous le coup de l'émotion, sous les attaques du froid polaire, le sexe circoncis de Monny s'était tellement rabougri que les inquisiteurs n'y avaient vu qu'une bizarrerie de la nature humaine : un pénis de format minuscule, en tout point ridicule, mais dûment tapi sous une calotte de chair.

De retour à Paris, Monny plongea dans le noir. Pendant des mois, il se terra à l'abri des regards. Il passait tout son temps allongé sur le parquet de son petit appartement de la rue de Vanves et demeurait sans bouger, volets fermés, rideaux tirés, lumière éteinte. Il refusait de sortir, pour quelque motif que ce soit, terrorisé à l'idée d'un contrôle policier. Il ne se remettait pas d'avoir été traité ainsi. En 1925, lorsqu'il s'était décidé à quitter Belgrade pour rejoindre Paris, il croyait avoir choisi le pays des hommes libres. À ses yeux, seule la patrie des Lumières incarnait la tradition de l'esprit, la lutte séculaire de l'humain contre la barbarie. Comme lui, des centaines d'esprits convergeaient alors vers Paris pour rallier leur génie à cette foi aveugle en la France. Qu'étaient-ils devenus aujourd'hui, maintenant que la France les avait trahis ? Morts ? enfuis ? Se trouvaient-ils assignés à résidence ? Ou alors prisonniers, ici ou là, dans les camps que les Français avaient construits à leur intention dès la déclaration de guerre ? Ou bien encore, comme lui, enterrés vivants dans un cercueil de pierre ? Banni de sa terre d'élection, soustrait aux regards des hommes et à la lumière du jour, le poète s'enfonçait dans la dépression et perdait peu à peu de vue le chemin du retour.

Au vrai, Monny ne voulait plus recevoir personne, à l'exception de Lucien et d'une certaine Paulette. C'était une jolie brune de vingt-deux ans. Le jeune apprenti ne l'avait croisée qu'une fois, guère plus de cinq minutes, suffisamment néanmoins pour comprendre que la demoiselle nourrissait des sentiments pour le Serbe. Elle passait rue de Vanves tous les deux jours, n'y manquait jamais : elle se chargeait des courses alimentaires, mais aussi de la lecture, des journaux et du courrier. De son côté, Lucien s'occupait de la finance et de la partie « récréations littéraires ». En dix-sept ans de vie parisienne, à côtoyer les milieux de l'avant-garde, Monny avait accumulé des trésors de poésie contemporaine. Éditions originales, photos, manuscrits, correspondances, archives : avec Édouard Mesens dans sa manche, Lucien tenait désormais la sortie idéale pour un matériel de première main. Tous les dix jours, il ramenait à Monny, ébahi, le produit de ses ventes. Les deux amis discutaient papiers durant de longues heures et refaisaient ensemble le plein de marchandise à écouler. Lucien touchait jusqu'à vingt pour cent de commission, selon la nature de l'exploit : « Surtout, ne lâche pas le pigeon ! » concluait Monny de manière invariable. Puis il se redressait, repliait les avant-bras sur les côtés de la poitrine, les mains sous les aisselles, avant de moduler un long roucoulement en mimant le battement d'ailes du biset commun. À défaut d'un sourire, le pitre tentait encore de donner le change.

L'activité de garde-malade prit bientôt de l'ampleur et finit par occuper Lucien le plus clair de son temps :

Laura contracta une mauvaise bronchite et resta couchée tout un mois. En vérité, Lucien s'attendait à la voir s'écrouler depuis des semaines déjà, car la jeune femme vivait constamment sur les nerfs et ne se ménageait pas. Joliot-Curie et son équipe se trouvaient, il est vrai, sous la menace d'un coup d'État. Wolfgang Gentner avait été débarqué au début de l'année et, à peine arrivé, son successeur s'était mis en tête d'imposer sa loi. Ce dernier exigeait non seulement une surveillance des installations à l'intérieur du Collège, mais également un contrôle militaire de tous les personnels de l'endroit. Aussitôt, la tension était montée dans les rangs. Laura redoutait notamment que sa naturalisation récente n'éveille la curiosité des Allemands. Heureusement, Joliot-Curie avait refusé de se plier au diktat et, pour faire valoir ses arguments, avait escamoté quelques pièces du cyclotron et mis l'engin hors d'usage. La situation était restée bloquée pendant tout le mois de janvier, avant que le Prix Nobel n'imagine une parade : il acceptait de réparer le cyclotron, ainsi que le principe d'une ronde de nuit réclamée par les Allemands, à condition de recruter lui-même les gardiens.

Les nazis avaient fini par céder, début février, loin d'imaginer que le Collège de France se transformerait aussitôt en centre d'activités clandestines. D'après Laura, la nuit, les salles de laboratoire servaient désormais à imprimer des tracts, à assembler des cocktails Molotov, à monter des émetteurs de radio. À entendre la jeune femme, Lucien imaginait un commando de professeurs Nimbus bricolant des bombes à la lueur des bougies, avant de se fondre dans l'aube pour frapper l'ennemi. C'était la première fois qu'il entendait parler d'un groupe armé : à moins de cinq cents mètres de chez lui. Il caressait l'idée longuement, puis la reposait et tentait de se raisonner. Jamais la décision de rejoindre la Résistance ne lui avait semblé si près. Ni si risquée : épié, comme il imaginait l'être, il ne pouvait courir le risque de mettre tout le monde en danger.

Et puis Laura tomba malade, et Lucien s'improvisa infirmier. Il se dépensa comme un diable afin de lui offrir les meilleurs soins et de la dorloter. Pour commencer, il l'installa rue de Tournon, chez lui, bien au chaud, à côté du lapin Zonzon. Sur les conseils d'un médecin, le jeune homme se procura des citrons de Nice et du miel de Sologne, ainsi que du rhum pour les grogs. Pendant deux semaines, il appliqua des feuilles de moutarde sur la poitrine de la belle, deux fois par jour, en sinapismes. Avant de descendre à la librairie, il veillait toujours à déposer un broc rempli d'eau sur le Godin, afin que Laura continue autant que possible à expectorer. Il surveillait sa température jour après jour et constatait avec tristesse que la fièvre s'accrochait. Lucien repensait aux théories de Jef sur l'importance vitale de l'énergie en temps de guerre. De toute évidence, ni Laura, ni Monny n'en conservaient plus aucune. Elle leur avait été volée, pompée jusqu'à la dernière goutte. Depuis les premières gelées en octobre dernier, il est vrai, chacun vivait avec la faim, la fatigue, chacun souffrait du froid au quotidien. Lucien, pour sa part, n'avait jamais connu d'hiver aussi rigoureux, ni tant de couvre-feux. Les Allemands accaparaient les calories sous leurs formes les plus nobles. Ils s'appropriaient si bien les ressources du pays, que l'énergie devenait le signe le plus clair de l'ennemi : du pétrole au caviar de Gironde, en passant par la lumière électrique. Aussi, dans sa folie, Lucien ne s'alarmait-il jamais du bruit d'une voiture équipée d'un gazogène, en revanche, il détalait dès qu'il percevait celui d'un moteur à essence. D'une façon similaire, les libraires sveltes gardaient sa confiance mais il évitait à présent comme la peste les tempéraments rougeauds et les confrères bedonnants. Il en venait à se défier des fumeurs, lorsqu'il en croisait dans la rue, avec leurs briquets et leurs petits tubes de feu. Quant au téléphone, au même titre que les sirènes et les chaînes nationales, il lui semblait devenu depuis bien longtemps la propriété effective des Allemands.

Un beau matin, à la mi-mars, après cinq mois de gel continu, le thermomètre franchit enfin la barre du zéro. La journée s'annonçait agréable, tiède même, sous les premiers rayons du printemps. Au réveil, la température de Laura s'était stabilisée à des valeurs normales. Les bronches sifflaient encore un peu, mais la jeune femme exigea de se lever et de procéder elle-même à un brin de toilette. Vers midi, elle demanda à s'habiller et sortit prendre l'air au soleil, dans les allées des jardins du Luxembourg. Au bout d'une heure, elle semblait guérie, par simple transfert d'énergie. Ainsi, la théorie de Jef n'était pas seulement vraie : le recours incantatoire à la théorie opérait aussi sur la réalité par un effet magique.

6

La plus grande librairie du monde

Au mois d'avril 1942, les dernières affiches qui stigmatisaient les entreprises juives disparurent du paysage urbain. Le processus d'aryanisation de l'économie française touchait à sa fin. À Paris, en l'espace d'un an et demi, plusieurs dizaines de librairies anciennes changèrent ainsi de mains, de manière discrète, le plus souvent sans même attendre la mise en vente du bien au *Journal officiel*. C'est que les acheteurs ne redoutaient rien tant que les effets délétères de la publicité autour de telles transactions. Ils entendaient agir en hommes décidés, rompus aux situations qui réclament un certain doigté. À titre liminaire, ils stipendièrent de manière méthodique les administrateurs provisoires des commerces sur lesquels ils lorgnaient, afin de s'assurer l'exclusivité et la confidentialité des affaires. Ils imposèrent des mandataires dans les négociations, des Aryens pattes blanches, des nobles ruinés de préférence, afin de constituer les dossiers de candidature et de finaliser à leur place les procédures de spoliation. L'administration française, qui posait la fourberie du juif en principe, traquait d'éventuelles collusions entre les parties du marché : les paperasseries s'en trouvèrent accélérées. La vente conclue, l'acquéreur en titre empochait une commission, puis retournait à l'anonymat, sans qu'un seul confrère l'ait jamais croisé dans sa nouvelle échoppe, pas même l'ancien propriétaire. Mois après mois, le petit monde de la librairie parisienne finit par se rendre à l'évidence : les boutiques des confrères aryanisés ne rouvriraient jamais. L'objectif des repreneurs n'était en rien de développer un réseau de succursales à travers la capitale, mais d'avaler la concurrence et de digérer sa substance en secret.

Dans le milieu, les spéculations filaient bon train quant à l'identité réelle des repreneurs. On les soupçonnait peu nombreux, pourvus de moyens financiers considérables, bénéficiant de vastes réseaux d'influence, de complicités et de protections haut placées. Les cancans accablaient principalement trois libraires, parmi lesquels le patron du jeune Léon faisait figure d'emblème. La rumeur lui attribuait une trentaine d'opérations douteuses, dont certaines, il est vrai, criminelles. On l'accusait, entre autres choses, d'inonder le marché au moyen de sous-marins, de recruter ces derniers par petites annonces, dans les quotidiens. On le soupçonnait également de monter des ventes publiques de toutes pièces, dans le but d'écouler à Drouot la masse de ses rapines légales. On lui reprochait, enfin et surtout, de dénoncer ses propres clients à la Gestapo, afin de racheter les bibliothèques. Sous la réprobation générale, l'admiration pointait pour un homme qui avait su se porter, d'emblée, au cœur d'un système dont chacun mesurait désormais les bénéfices. Partout dans Paris, en effet, sur les déballages au petit matin, à la moindre brocante le dimanche, on voyait surgir une marchandise d'une qualité inouïe. À l'hôtel des ventes, pour répondre à l'offre pléthorique de livres, de manuscrits, mais aussi de tableaux, d'objets d'art, les commissaires-priseurs ouvraient grand les vannes du crédit : les enchérisseurs professionnels négociaient jusqu'à douze mois de tolérance pour acquitter leurs bordereaux de vente, sans limite de montant. Les caisses des libraires débordaient de trésorerie. Rue de Tournon, des vocations de courtier se déclaraient tous les jours. De l'aveu d'Édouard Mesens, la capitale n'avait jamais vu de si bons livres, ni les échanges marchands connu une telle effervescence, pour un tel volume.

Sans doute l'activité du livre ancien se consolidait-elle aussi d'une émulation souterraine depuis l'arrivée des Allemands à Paris. À deux pas de la Concorde, il est vrai, l'occupant nazi avait établi la plus grande librairie qui eût jamais été imaginée par un cerveau humain. Abritée sur trois niveaux dans un espace rectangulaire de quatre-vingts mètres de longueur sur treize de large, flanquée d'immenses verrières, elle présentait les dimensions et l'imbrication d'une pyramide égyptienne.

Encore ne constituait-elle que la couche supérieure, la partie émergée d'un fabuleux iceberg constitué de dizaines de dépôts disséminés aux quatre coins de la capitale ainsi que dans les villes de la Petite Couronne. Un stock d'un million d'ouvrages a minima, des dizaines de milliers de livres précieux, de reliures d'art, des centaines d'archives manuscrites, des correspondances littéraires, artistiques, scientifiques, des documents de premier ordre. La librairie se doublait d'une galerie d'art, également démente. Chacun des siècles s'y montrait sous un jour ineffable, au milieu d'une exubérance de trésors digne d'un projet totalitaire. On se serait cru au cœur du rêve du collectionneur, dans la *Galerie de vues de la Rome antique*, la célèbre peinture de Giovanni Paolo Panini. Des centaines de toiles se chevauchaient aux murs, sur toute la hauteur des cimaises. Sans parler des sculptures, dans tous les coins. Les œuvres disposées là n'étaient pourtant pas destinées à l'élevage de poussière. Elles ne demeuraient guère en vue plus de quelques jours, le temps de trouver preneur, avant de laisser place à d'autres merveilles, avec un taux de rotation ahurissant. On murmurait que l'endroit avait vu passer ensemble, à l'automne 1940, *L'Astronome* et *Le Violoniste* de Vermeer de Delft, sur lesquels Hitler lui-même avait fait valoir un droit de préemption absolu. On évoquait aussi des toiles de Botticelli, de Cranach, de Fragonard. On rapportait que des Van Gogh d'un jus incomparable y circulaient à des prix très avantageux.

On prétendait que la peinture moderne, de manière générale, y était traitée comme un produit de rebut ; un rebut sur lequel les plus assidus caressaient l'idée de jeter leur dévolu. C'est qu'il ne suffisait pas de se faire conduire à travers les galeries, d'éplucher les inventaires, de fouiller les réserves, il convenait encore de convaincre le propriétaire d'accepter le principe d'une vente ou, mieux, d'un échange. L'individu qui possédait toute autorité en la matière avait la réputation d'un négociateur hors pair, d'un prédateur sans scrupules qui parvenait toujours à ses fins. Ainsi de ses projets pour le *Jeu de paume*. L'homme rêvait depuis les années 1930 d'installer un commerce dans les somptueux locaux construits par Napoléon III, au bout du jardin des Tuileries. Il régnait à présent en maître absolu sur les lieux transformés par ses soins en dépôt général des œuvres d'art confisquées en France. À chacun de ses passages à Paris, il prenait le temps de la visite sur son agenda de ministre. Il aimait à se représenter par lui-même l'état des stocks afin, expliquait-il, de s'ouvrir l'appétit. On le disait attaché à l'entreprise de pillage des biens juifs à l'échelle européenne comme son principal client, ajoutant qu'Hitler seul pouvait lui contester ce titre. Son nom suffisait à inspirer à ses interlocuteurs un sentiment de terreur légitime : il s'appelait Hermann Goering.

Le Reichsmarschall Hermann Goering se passionnait pour les vieux châssis, en hommage à sa chère défunte, à laquelle il dédiait un musée privé. Il exposait sa collection à Carinhall, une vaste construction d'inspiration paysanne en forêt de Schorfheide, dans le land de Brandebourg. L'initiateur de la Solution finale se présentait volontiers dans l'intimité sous le titre de « Grand Veneur de l'Empire », érudit-chasseur, mécène des arts et des lettres, amateur éclairé de la Renaissance ; en réalité, l'œil dont il couvait les biens confisqués était celui d'un dinosaure carnassier. Lorsqu'il venait faire son marché dans les galeries du Jeu de paume – en moins de trois ans, il répéta en tout l'opération vingt-deux fois –, ses assistants obéissaient à la consigne de ne lui soumettre que le meilleur. Non que la vue du moins bon blessât le dignitaire, mais par souci d'efficacité et de tempo dans les affaires. À destination de Carinhall, Goering ne retenait, par principe, que les chefs-d'œuvre exceptionnels. Cependant, il ne dédaignait pas de faire main basse sur des pièces de qualité légèrement inférieure. Il lui arrivait d'offrir des présents au Führer, de soigner les hiérarques, mais il accaparait surtout, avec ardeur, dans le but d'enflammer les convoitises locales et d'alimenter son système de troc. Aussi ratissait-il souvent très large. Il négligeait néanmoins la peinture du XIXe et détestait de tout son être celle qui, au XXe, s'inscrivait à l'avant-garde.

Un jour qu'il s'octroyait le loisir de flâner plus librement que de coutume, Hermann Goering s'égara jusqu'à la « Salle des martyrs », une pièce grande comme un salon Empire, située tout au fond du Jeu de paume.

Au milieu des toiles de Paul Klee, des Picasso, des Schwitters et de toutes les productions de l'art dégénéré qui s'entassaient lamentablement par centaines, il remarqua un tableau plutôt sombre, de taille moyenne, qui représentait une sorte de forêt. Il prit le cadre entre les mains, considéra la toile avec attention dans ses moindres détails en s'efforçant d'oublier ses a priori, de montrer une certaine ouverture d'esprit. Il n'hésita pas à passer la pulpe du doigt sur la surface peinte, à la gratter de l'ongle, ni même à mettre la langue. Il étudia le relief du frottage à la lumière rasante : le procédé paraissait ingénieux. Il inspecta la signature au monocle : Max Ernst. Un Allemand, évidemment. Après deux minutes d'examen, il excluait encore la beauté de manière formelle mais, dans son indulgence plénière, concédait à la toile un certain mystère wagnérien. Enfin, il reposa le châssis au pied du mur, s'éloigna de quelques pas avant d'effectuer un brusque demi-tour. « À dix mètres de distance, la haine recommence », constata Hermann Goering en quittant la « Salle des martyrs », avec un ouf ! de soulagement.

Marchands d'art, experts, commissaires-priseurs, courtiers, libraires de tout poil, à en croire la rumeur, les offres d'échanges en provenance de professionnels français affluaient au Jeu de paume. Sur place, Bruno Lohse et Walter Andreas Hofer expertisaient les objets, enregistraient les propositions, triaient les priorités, avant de transmettre une synthèse hebdomadaire à

Berlin, où résidait à l'année leur chef unique, Hermann Goering. En France, les deux hommes jouissaient de toute la confiance du commandant de la Luftwaffe. Ils représentaient les intérêts du collectionneur dans le pays et lui tenaient lieu de poissons-pilotes dans sa chasse aux trésors. Ils réglaient également ses achats parisiens. Dans les couloirs de l'hôtel Drouot, il n'était plus question que de Bruno Lohse et de Walter Andreas Hofer, de leurs centres d'intérêt, des moyens de s'attirer leurs bonnes grâces. On se demandait quel genre de morcifs pouvaient bien éveiller la convoitise des nouveaux cadors. Chacun épluchait les catalogues de Drouot avec une attention décuplée, en rêvant tout haut de déclencher le troc. À la mi-mai, le bruit se répandit que les sbires de Goering avaient mandaté un mystérieux libraire parisien pour enchérir à la succession Louis Brun. Le directeur des Éditions Bernard Grasset venait de disparaître à l'âge de cinquante-cinq ans, laissant derrière lui une collection littéraire de premier plan. L'étude de maître Giard organisait la dispersion des papiers et de la bibliothèque, lors d'un marathon de cinq jours, à la fin du mois. L'ensemble comptait de nombreux manuscrits et quantité d'éditions originales en grand papier, essentiellement d'auteurs de l'écurie germanopratine : Raymond Radiguet, Henry de Montherlant, Jean Giono, Curzio Malaparte… La vente survenait dans un contexte électrique, sur fond d'emballement du marché, et semblait promise à un franc succès.

Alerté par la rumeur, Édouard Mesens finit un beau jour par se procurer le catalogue, désireux de participer, lui aussi, au grand concours qui absorbait la confrérie : à quelles enchères pourrait-on reconnaître l'émissaire de Goering lors de la vente ? À Paris, chacun y allait de son pronostic et ouvrait les paris. Édouard Mesens prit soin de décortiquer les trois cent quarante-sept notices, avant de convoquer Lucien dans son bureau pour lui livrer son sentiment :

« 46, 65, 66 ! annonça le patron, comme s'il s'agissait d'une martingale. Je suis prêt à parier que le contact de Goering va se chauffer sur ces trois lots. »

Lucien se reporta aux notices imprimées. La première décrivait une traduction française de *Principes d'action*, un ouvrage d'Adolf Hitler publié par Bernard Grasset en 1936, un des deux exemplaires sur nacré impérial revêtus de la « signature autographe du Chancelier Adolf Hitler ». Sous le n° 66, Lucien trouva *Du côté de chez Swann* de Marcel Proust, l'originale de 1913, chez Grasset également, un des cinq Japon, relié en plein maroquin mauve, avec des paquets de documents autographes. Le dernier lot réunissait les treize volumes suivants de *La Recherche du temps perdu*, aux Éditions Gallimard, tous en tirage de luxe, avec des lettres manuscrites, de longues dédicaces.

« Je vois mal Göring collectionner Proust. Personnellement, je ne miserais pas un kopeck sur ce tiercé, lâcha Lucien, dubitatif.

– C'est pourtant ce que tu vas faire, mon grand. Je tiens à ce que tu te rendes vendredi à Drouot et, si tout se passe comme je dis, que tu portes le pet dignement. J'appelle Giard pour le prévenir et négocier ta ligne de crédit. Je me moque des *Principes d'action* du psychopathe, tu t'en doutes, mais tu ne lâcheras rien sur les originales de Proust. J'ai entendu dire que les exemplaires d'Alexandrine de Rothschild avaient déjà transité au Jeu de paume. Si Goering veut vraiment s'emparer de ceux de Louis Brun, il doit s'attendre à casquer un prix historique. »

Ainsi, Édouard Mesens avait décidé de propulser Lucien sous les feux de la rampe. Le vendredi 29 mai 1942, à 14 h 20, il y avait foule devant la salle 9, au premier étage de l'hôtel Drouot. Les gens s'étaient mis sur leur trente et un, les femmes surtout rivalisaient d'élégance et de présence odorante. Lucien reconnut au passage un certain nombre de confrères qui semblaient un peu tendus, ainsi qu'une demi-douzaine de clients à droite, à gauche, mais la plupart des visages appartenaient à de parfaits inconnus. Le public des ventes aux enchères avait singulièrement changé depuis 1938 et les premiers temps de son apprentissage. Le règne sans partage des professionnels n'était plus qu'un souvenir d'eldorado. Les civils avaient envahi la place, des parvenus pour la plupart, qui trouvaient leur fortune dans la sous-traitance de l'effort de guerre allemand. Ils disposaient de réserves de liquidités considérables dont ils peinaient à faire usage. En ces temps de restrictions, ils ne pouvaient envisager ni voyage à l'étranger, ni achats de haute couture, ni bolides dernier cri, ni parures de maroquinerie. Alors, plutôt que d'acheter des tonnes de beurre au marché noir, ils venaient à Drouot avec Madame investir dans l'art. Chose inimaginable avant-guerre, ces jeunes chefs d'entreprise n'hésitaient plus à se soustraire à leurs obligations patronales afin de prendre part aux vacations et se livrer eux-mêmes au cérémonial de la visite. Les professionnels de la profession déploraient un mépris des usages révoltant. Ils redoutaient particulièrement les initiatives intempestives car, non contents de snober les intermédiaires et de faire grimper les prix sans limite, les pékins bousillaient également les opportunités de révise.

À quelques minutes de l'ouverture des portes, Lucien devinait la tension dans les rangs. Bourgeois et marchands trépignaient nerveusement. Tous semblaient survoltés, comme pressés d'en découdre et de voir gicler le sang.

Lucien trouva une place au fond de la salle, un poste d'observation du ring idéal, perché sur une cimaise. Dans la fosse, il ne resta bientôt plus aucune place assise, de nombreux spectateurs continuèrent à s'agglutiner derrière les rangées de chaises. Lucien cala d'instinct les mains sous ses cuisses, en position symétrique, paumes à plat, contre l'assise de velours. Elles étaient moites. Il avait toujours craint que le moindre geste ne comptât ici pour une enchère ; il osait à peine relever la tête. Devant la tribune, au premier rang, il localisa sans difficultés sa bête noire. Habillé d'une chemise blanche de bonne coupe et d'un gilet de soie, Léon sortait tout juste de chez le coiffeur et se lustrait ostensiblement le poil. Il semblait très à l'aise sous les regards du public ; il roulait des biceps, multipliait les sourires, tel un athlète à domicile. Lucien le voyait siffler les Savoyards comme des fox-terriers, haranguer les libraires avec une nonchalance de poissonnier. En passant, le jeune apprenti de la rive droite n'hésitait pas à gratifier les secrétaires de l'étude d'appréciations violemment obscènes, en riant aux éclats à chacune de ses blagues. Il se permettait aussi de tutoyer l'expert Andrieux, de quarante ans son aîné, et de traiter l'homme de peine-à-jouir en l'exhortant à déclencher les hostilités.

Avec un quart d'heure de retard, il est vrai, le ministère parvint à s'imposer. Maître Giard annonça que les frais s'élèveraient à 15 % en sus du montant de l'adjudication. Il rappela que depuis le mois de mars, l'accès des juifs à l'hôtel Drouot était interdit de manière formelle. Il invita les israélites à regagner les portes au rez-de-chaussée et, après quelques instants entrecoupés de raclements de gorge, proclama l'ouverture officielle de la deuxième vacation.

D'entrée, le jeune Léon prit à sa charge l'essentiel du

spectacle en attaquant tous azimuts. Il s'adjugea les deux premiers lots avec rage, sous les applaudissements du public, dont le Japon d'Adolf Hitler, au prix record de neuf mille cinq cents francs. De son côté, Lucien ne quittait pas des yeux son homologue : il admirait la méthode. Après Hitler, le jeune cador remporta *Le Mal* de François Mauriac, un exemplaire d'épreuves dont il arracha sauvagement le maroquin mosaïqué. « Je confierai la reliure à Paul Bonet », commenta-t-il à l'intention des amateurs médusés. Il s'attachait à démoraliser la concurrence par tous les ressorts de la vulgarité. Il décuplait ainsi l'enchère initiale à la moindre résistance, avant d'écraser l'impudent sans pitié, sous un feu nourri d'insultes et d'appréciations sexuelles musclées. Le commissaire-priseur avait beau le rappeler à la décence, sans cesse il en prenait pour son grade et entretenait à ses frais l'hilarité générale.

Du côté de chez Swann se présenta peu après, sous le n° 66. L'expert arrêta l'enchère de départ à la somme de dix mille francs. Lucien respirait mal, le regard bloqué sur la nuque rasée de Léon. La salle parut s'emballer très vite, les sommes s'envolèrent de cinq mille en cinq mille, jusqu'à se suspendre en l'air, dans un moment de flottement. La messe semblait dite, aux dépens d'un nouveau riche. Édouard Mesens s'était trompé. Léon n'avait pas bronché. Au moment où le marteau allait s'abattre, le jeune fanfaron leva la main et exigea de collationner le volume, comme pris d'un doute ultime devant l'engouement des enchères. D'un hochement de tête impérial, il signifia qu'il reprenait les débats à quatre-vingt-quinze mille francs, pour voir. Lucien attaqua bille en tête, enchaînant les sommes comme les uppercuts dans un combat de boxe : à cent quatre-vingt mille, il tenait l'enchère, mais atteignait également la limite fixée par Mesens. Il se sentait secoué de tremblements des pieds à la tête, la jugulaire dilatée au maximum, le cœur au bord des lèvres. Léon se retourna vers lui, le fixa lourdement, imité par la salle qui ne perdait pas une miette du duel :

« Cent quatre-vingt-cinq ! Vas-tu lâcher, enculé de morbaque ? » rugit-il sous les hourras délirants.

La seconde manche fut livrée à bout de souffle, ponctuée de « *Ah !* », de « *Oh !* », d'émotions véloces. Elle se conclut à l'avenant : victoire par knock-out de la rive droite sur la rive gauche. La foule se leva pour ovationner, tapa longtemps du pied sur le parquet et les plinthes en hurlant, en proie à l'enthousiasme. Au cœur de l'événement, elle tenait son héros. Sous les vivats, cependant, le public ne plébiscitait pas tant les records de prix de *La Recherche* que le style impayable du jeune Léon.

Quelques semaines plus tard, Lucien décida de célébrer l'anniversaire de ses vingt ans en compagnie de Laura. Il réserva une table en terrasse, près d'une fontaine, dans un restaurant huppé du quartier de l'Opéra. À l'apéritif, Laura sortit un carnet de moleskine de son sac, sans lignes prétracées, tout neuf, un vrai présent d'amoureuse en ces temps de pénurie, afin qu'il se remette à écrire et traduire de la poésie. Face à face dans l'air immobile, les deux jeunes gens trinquèrent à la lueur des chandelles, en accompagnant le champagne de mets délicats. Laura berçait son homme de mots tendres, d'œillades envoûtantes, par moments elle risquait même un pied nu sous la table mais, de toute évidence, Lucien n'y était pas. Il songeait au temps qui passe, à la décennie à venir, dont les présages semblaient si fâcheux. Il ne parvenait pas à se défaire du sentiment qu'il abordait l'âge merdique de la vie dans la pire des conjonctures historiques. Le jeune Léon pouvait se gonfler d'importance et parader comme un paon devant les béotiens, jouer le courtier influent promis à une brillante clientèle ; aux yeux de l'État, il n'était qu'un simple requis de la classe 22, un gamin en sursis, au même titre que lui. Les deux apprentis avaient en commun une dette, une dette de corps détenue par un créancier retors, qui modulait, en toute légalité, les tarifs au jour le jour. En fonction de ses besoins, de ses capitulations répétées face à l'ennemi, mais encore de sa perversité propre à l'encontre de la jeunesse. Lucien voyait dans l'obligation de s'arracher à une vie riche et complexe une sentence de mort. Même avant de connaître Laura, il n'avait jamais envisagé sous un jour différent un départ pour le service militaire, ou tout autre retrait disciplinaire du séjour des vivants. En deux ans, Vichy n'était pas encore parvenu à imposer aux Allemands le principe des chantiers de jeunesse pour la zone occupée, mais il ne tarderait pas à faire valoir ses droits sous une forme ou une autre. En juin, Laval avait lancé la « Relève », basée sur le volontariat, un simple début, aux yeux de tous, pour un État-Moloch qui brûlait de sacrifier ses enfants.

Lucien poussait encore plus loin l'idée de ressemblance. Au fond, il ne pouvait s'empêcher de considérer Léon comme un double, une sorte d'alter ego égaré dans le champ des possibles. Il songeait à la lâcheté des temps, aux facilités de Léon, et ce rapprochement lui gâchait l'humeur. Et puis, il détestait les anniversaires. Il les craignait depuis toujours. Chaque 23 juillet le rapprochait d'une échéance intime : le terme du compte à rebours. Son père avait vécu vingt-cinq ans, trois mois, dix-sept jours. Lucien pouvait bien se persuader du caractère accidentel de sa mort, il pressentait dans ce chiffre un attribut substantiel de son être : plus que la marque d'un destin quelconque, une limite biologique qu'il ne pourrait jamais franchir, quoi qu'il arrive. Cet horizon lui gâtait la perspective de manière quotidienne, mais il n'avait encore jamais osé en parler avec personne, pas même avec sa mère, par crainte, sans doute, de l'effet d'absurdité.

Laura était une orpheline, comme lui, une construction sensible, sujette aux inquiétudes les plus diverses, aux vibrations infiniment nuancées de l'humeur. Peut-être lui venait-il des convictions tout aussi aberrantes, des déferlantes d'outre-tombe, des océans de terreur ? Qui sait si, de son côté, hantée par le suicide de sa mère, elle n'obéissait pas à un semblable décompte ? Lucien n'osait pas formuler la question à voix haute, de peur de l'effaroucher, de lui paraître dingue. Il la regardait : depuis quelques minutes, elle ne disait plus rien. Il la sentait tellement proche : en vérité, il aurait juré qu'elle venait de se taire par le même chemin.

Troisième partie

HAMLET, PRINCE DE DANEMARK

« *Aujourd'hui, je suis vaincu comme si je savais la vérité.* »

Fernando Pessoa

1

Poésie et vérité 1942

Le mardi 27 octobre, un couple se présenta rue de Tournon, peu après 15 heures. Édouard Mesens cuvait dans son bureau, Lucien demeurait seul à la manœuvre et couvrait les brochures, lorsqu'il remarqua le manège d'une femme au-dehors, collée sur la devanture. Les mains en œillère contre le verre épais, elle semblait scruter avec un intérêt plus manifeste l'intérieur de la librairie que les curiosités de la vitrine. Elle était fine et bien faite, elle portait une toque de fourrure posée de biais sur l'oreille gauche. Lucien jugea le détail curieux en cette belle journée, par un doux soleil d'automne, tout spécialement chez une personne encore jeune. Peut-être programmait-elle un long voyage, une excursion en montagne ? Elle devait avoir trente-cinq ans. Elle dégageait une impression de sensualité fragile, palpable, qui plut instantanément à Lucien. Sa carnation lui rappelait celle de Laura. D'un petit geste de la main, comme à une vieille complice, il fit signe que la voie était sûre. L'homme qui accompagnait la créature paraissait de dix ans son aîné. Le front haut, les tempes dégarnies, vêtu avec élégance, il évoluait en connaisseur au milieu des livres de poésie, visiblement familier des reliures anciennes et des éditions originales. Il énumérait les mérites des ouvrages qu'il tirait des rayons et, pour chacun d'eux, formulait des commentaires à voix basse à l'intention de sa compagne. Lucien tendait l'oreille avec discrétion et crut comprendre que la jolie brune répondait au surnom de Mouche. Il jugea cocasse que la bouche puisse désigner de la sorte celle que le cœur avait choisie entre toutes. Il ne voulait pas déranger le cours d'une promenade érudite, d'une parade sentimentale, sans doute. À titre personnel, il détestait qu'on lui demande ce qu'il cherchait dans une librairie. Une question de flic, un rot de propriétaire. Des livres, pardi ; un moment de grâce dans un monde touffu de brutes.

Après vingt minutes, cependant, la conversation s'étirait en longueur et il devint évident, aux yeux du jeune homme, que le couple espérait quelque chose dont il n'osait pas faire étalage.

« Le libraire s'entretient au téléphone, ça ne devrait plus être très long. Voulez-vous que je vous annonce ? demanda Lucien avec sollicitude, en resservant l'excuse pour la centième fois.

– S'il vous plaît. Nusch et Paul Éluard, nous venons sur la recommandation de Monny. »

Mesens ressortit de son bureau seul, vers 18 heures, sur un petit nuage. Il affichait une mine radieuse, du vague dans les yeux, comme après un coup fumant. Il se frottait les mains, sans même s'en rendre compte. Il annonça que le couple Éluard était reparti chercher ses bagages dans le XVIIIe, à l'autre bout de Paris, et serait de retour avant le couvre-feu. Lucien dut jurer de garder secret le nom de leurs prestigieux invités. Il apprit que le poète et sa muse avaient demandé l'hospitalité en détresse et que les époux Mesens la leur avaient accordée aussitôt. Paul Éluard venait de publier au début du mois précédent une plaquette de trente-deux pages, à l'enseigne des Éditions de la Main à plume. Sous le titre *Poésie et vérité 1942*, le petit recueil commençait à produire certains remous, notamment depuis que la BBC se mêlait de sa publicité et donnait à entendre à l'antenne, de manière quasi quotidienne, des vers extraits d'un poème intitulé « Liberté ». Ces derniers jours, des policiers français patrouillaient avec insistance autour du domicile du poète, rue de la Chapelle, et enquêtaient sur son compte auprès du voisinage, sans chercher à dissimuler leurs intentions punitives. La Gestapo ne tarderait guère à s'emparer du relais. Inutile de tenter le diable noir. Éluard et Nusch avaient pris la décision de rentrer dans le brouillard dès ce jour, sans perdre un instant de plus. Ils s'étaient d'abord tournés vers Monny, déjà clandestin rue de Vanves, en quête d'une planque. Le Serbe redoutait la vie commune dans son modeste logis ; les nerfs encore fragiles, il avait eu l'idée de les adresser ici. Édouard Mesens frétillait des pieds à la tête de la réputation d'honneur qui lui était ainsi faite ; il se montrait excité par le parfum de conspiration et les risques mortels de l'aventure. Il ne connaissait de Paul Éluard que quelques textes de fraîche lecture, parcourus au hasard des revues dont il recevait le service, mais il semblait mesurer, à l'instinct, mieux qu'aucun autre, la grandeur et le charme du poète. Après deux heures goûtées en sa compagnie, à peine, Lucien remarqua que son patron parlait déjà de l'auteur de *Capitale de la douleur* comme d'un demi-dieu en villégiature parmi les hommes. Pour livrer son intuition jusqu'au bout, Lucien se demanda même si Édouard Mesens n'était pas en train de tomber raide amoureux, en cet instant précis, là, sous ses yeux, victime d'un coup de foudre, d'une réaction thermique brutale dont les éléments moteurs, en définitive, semblaient depuis longtemps réunis. À dater de ce jour, en tout cas, rue de Tournon, dans la tête du patron, il ne fut plus question que du séjour de « Sa Majesté » sur terre.

Édouard Mesens se fit rare, d'un coup. Du jour au lendemain, il cessa de répondre aux sollicitations, aux propositions de rendez-vous, abandonnant, sans explication, au jeune homme la gestion des affaires courantes. Ainsi négligeait-il la marche triomphale du commerce et donnait-il le sentiment d'en perdre peu à peu le goût, l'intérêt de vue. Sans doute préférait-il s'éloigner de la librairie française en tapinois, écœuré par la voracité des prédateurs et les trafics à trois bandes. Il passait dorénavant ses journées à arpenter Paris avec un grand manteau noir, une casquette de laine et des chaussures anglaises à fermeture dorée. Il suivait à pied Paul Éluard partout dans ses visites, du matin au soir, quelles que fussent les conditions météorologiques. Les deux hommes ne se quittaient plus, en vérité, lancés dans une discussion qui les absorbait nuit et jour depuis l'instant de leur rencontre. Quand le froid devenait vraiment trop vif, en fin d'après-midi, dans les terribles couloirs à vent de la capitale, ils regagnaient en hâte la rue de Tournon et l'appartement du sixième étage, où les femmes attendaient bien au chaud les rapports de mission. Nusch et Odette buvaient du thé. Elles brochaient les publications clandestines des Éditions de Minuit à l'aide de longues aiguilles. De leur côté, les hommes déroulaient le fil de leur vie en partageant des alcools et des cigares de contrebande. Les deux couples pouvaient rester terrés là-haut pendant des journées entières, sans changer d'air, sans même prendre la peine de descendre à la boutique pour gratifier Lucien d'un bonjour.

Au début de décembre, ils disparurent tous les quatre sur un coup de tête, pendant une quinzaine complète, sans prévenir personne. Lucien sut plus tard qu'ils avaient pris des vacances en Bourgogne, à Vézelay, chez des amis collectionneurs. Le jeune homme se sentait abandonné, livré à ses seules ressources. Il ne s'inquiétait pas tant de tenir la boutique – il y prenait un certain plaisir – mais Édouard Mesens s'était engagé sur l'honneur à solliciter ses relations et restait depuis sans rien faire. Le temps pressait. Le 4 septembre dernier, le gouvernement de Laval avait décrété la conscription obligatoire pour tous les hommes de dix-huit à cinquante ans, mais aussi celle des femmes célibataires de vingt et un à trente-cinq ans. Il ne s'agissait plus de simples formalités administratives, de recensements de routine à la mairie du VIe, comme ceux auxquels le patron s'était ponctuellement soumis depuis 1938 en sa faveur. Lucien comptait aujourd'hui sur l'entregent d'Édouard Mesens, sur sa réputation professionnelle et les vastes réseaux d'influence que dessinait sa clientèle. D'un coup de piston, il espérait un sursis, une exemption définitive. Un miracle, pour lui, pour Laura. Pour Monny et Zonzon. Aussi Lucien plaidait-il sa cause avec l'opiniâtreté d'un moustique et revenait-il à la charge dès que se présentait la moindre occasion. Perché sur les hauteurs, cependant, Mesens ne réagissait toujours pas à l'aiguillon.

Sans s'en douter, Monny avait révélé un problème. De manière non moins innocente, il procura la solution. Paul Éluard se montra chic. À l'occasion de Noël, il offrit au Serbe un manuscrit de sa belle écriture, *Le Dialogue des inutiles*, un recueil de jeunesse, pour le remercier de la qualité du tuyau qui l'avait conduit à

Mesens. Monny confia naturellement l'objet à Lucien afin qu'il le soumette à ce fameux client dont il conservait l'exclusivité secrète, lequel n'était autre que Mesens. La boucle se refermait à point nommé : le jeune homme tenait enfin un levier. Il ne se contenta pas de faire miroiter l'objet à prix d'or, ni d'exiger un secret de pierre sur la future transaction, il refusa encore de finaliser la vente tant que son patron n'aurait pas tenu promesse, tant qu'il n'aurait pas décroché le combiné du téléphone et tenté quelque chose de probant en sa présence. Le libraire ne redoutait rien tant que l'exercice de reptation et souligna qu'il lui en coûtait avec insistance. Finalement, le 4 janvier 1943, en milieu de matinée, Édouard Mesens finit par se résoudre à joindre un de ses clients occasionnels, un jeune bibliophile de trente-cinq ans, un haut fonctionnaire féru de livres sur l'art des jardins au XVIIe siècle, un certain Emmanuel Des Essarts, conseiller spécial de Pierre Laval. Il ressortit des échanges téléphoniques avec Vichy que l'État français s'apprêtait à promulguer, dans le courant février, les statuts d'un Service obligatoire du travail d'une durée de deux ans, à destination du territoire allemand. Les classes 1920, 1921 et 1922 étaient directement concernées. En dépit de sa bonne volonté, le technocrate ne pouvait garantir aucun sursis, pour quiconque, au-delà du mois de juin de l'année courante. Il conviendrait de réévaluer les opportunités légales à ce moment-là.

Quant à Laura, la conscription féminine demeurait pour l'heure à l'état de projet, elle pouvait se rasséréner.

Lucien se plaignait souvent du sort de la jeunesse, de la sienne essentiellement, pour laisser libre cours aux marées de l'angoisse. Communiste de naissance, bientôt requis de force par un ordre fasciste, il se dépeignait volontiers comme la victime d'une double malédiction. Il aimait tout particulièrement s'épancher auprès de Monny. Il trouvait chez lui une oreille compatissante, la seule capable d'ordinaire de percevoir le mouvement du ressac sous le flot des discours cohérents. Monny maîtrisait sur le bout des doigts la mécanique de l'obsession. Il en étudiait chaque rouage, il est vrai, depuis plus d'un an. Il connaissait par cœur les pointes de vitesse, les ralentis traîtreux, les sautes de régime. Il avait appris à ses dépens que le ronron du moteur finit, à la longue, par produire un refrain hypnotique, une sensation atroce de confort domestique. Depuis la vente du manuscrit, Monny reprenait du poil de la bête. Il s'était procuré des papiers d'identité au nom d'Armand Silvestre, de bien meilleure qualité que les faux précédents. Après des mois au tombeau, endormi volontaire, il se risquait à nouveau au soleil, poussait la porte des cafés, se montrait au kiosque à journaux. Parfois, il prenait le métro, en compagnie de Paulette. Signe que la santé revenait : il épousait avec moins d'empathie les contradictions de Lucien. Il s'agaçait désormais de l'entendre geindre en permanence. Un jour, il sortit carrément de ses gonds :

« Je vais te dire, Lucien : les commerçants sont comme les enfants, ils pleurent mais ils grandissent, attaqua Monny à la manière d'un tir d'obus direct. J'ai croisé ton client mystère, figure-toi, ce cher bon vieux Mesens, à qui, par parenthèse, je dois de m'appeler Silvestre. Gratis. Eh oui. Tout finit toujours par se savoir dans le mouchoir de poche où se répand la terre. Je ne cherche pas de poux, camarade, mais laisse-moi remarquer que tu t'es comporté dans cette opération de courtage comme avec tout le reste : à la fin, tes secrets ne trompent que toi. Tu passes ton temps à te plaindre de l'ordre des choses, sans toucher à rien, jamais ; à t'accommoder sur le fond des pires dégueulasseries, sans même oser t'avouer que tu en tires profit. Je t'observe cultiver tes phobies depuis l'entrée en guerre de l'Union soviétique : on dirait que tu jardines ta propre tombe. Qu'as-tu donc à perdre ? Le confort d'un pot de terre ? Ne crois-tu pas que si tu étais effectivement fiché, comme tu as l'air de le redouter, les flics t'auraient déjà logé, depuis beau temps, dans ton cimetière ? La vérité, Lucien, c'est que tu te donnes tous les jours des raisons de ne rien faire, de ne pas bouger, de risquer le moins possible. Des raisons révolutionnaires, certes, puisque tu te dis communiste, mais des mensonges tout de même. Les plus beaux sont toujours ceux que l'on se sert à soi-même. Regarde autour de toi : ton patron n'a peut-être pas des idées aussi radicales que les tiennes, mais au moins il leur trouve une issue pratique. Il faut te réveiller, mon garçon, faire vite. La situation change à toute allure. Tu as vingt ans, Lucien, les Allemands cherchent partout de la main-d'œuvre pour soutenir l'effort de guerre, tu n'obtiendras pas de sursis bien longtemps. Par la force des choses, dans les mois prochains, tu vas prendre des décisions auxquelles tu t'es toujours dérobé jusqu'à présent. J'ai longtemps pesé la question, je crois que c'est en homme libre que tu devrais réfléchir à des choix importants, pas dans la tête d'un relégué, ni d'un condamné à perpète. »

Lucien ne comprenait pas la solennité de Monny. Le poète se leva du canapé et partit farfouiller dans les piles de papiers qui s'entassaient sur son bureau. Il revint avec deux coupures de presse et les tendit à Lucien. Les articles portaient des mentions manuscrites dans la marge supérieure. Lucien reconnut l'écriture du grand-père et son cœur se serra.

Extrait du *Libertaire*, samedi 12 janvier 1924 :

LES PREMIÈRES BALLES BOLCHEVISTES
SONT POUR LES OUVRIERS

Nous voici aujourd'hui frémissants d'indignation, d'horreur et de dégoût. Des ouvriers viennent de tomber sous les balles des professionnels du « communisme », *dans le sanctuaire des prolétaires envahi par les soudards bolchevistes. Deux camarades sont morts, un troisième fait encore l'objet de soins intensifs à l'hôpital Saint-Louis. Voilà bien l'œuvre des* « révolutionnaires » *moscovites : le sang prolétarien est le premier qu'ils fassent verser sur le sol de Paris. Comme à Cronstadt, ils ont fait feu sur l'âme même de la révolution : à bout portant. Le capitaine Treint, qui commandait de la tribune ce tir de salves meurtrières, se rappelait sans doute ses valeureux exploits de guerre. Il s'exerçait pour les exécutions prochaines, celles qui permettront aux dictateurs du prolétariat d'asseoir leur pouvoir sur la misère et la douleur du peuple, sur l'assassinat des révoltés. Entre les criminels de la Grange-aux-Belles et nous, il y a désormais un fleuve de sang. Nous ne l'oublierons jamais et saurons agir en conséquence.*

AVANT LE MEETING

Hier soir devait avoir lieu le grand meeting organisé par le Parti communiste français, rue de la Grange-aux-Belles. Dès l'annonce officielle de la réunion, quelques jours auparavant, dans les colonnes du Libertaire, *les syndiqués avaient fait connaître qu'ils jugeaient insolite la prétention d'un parti politique à donner des leçons de syndicalisme dans la maison même des syndicats. On craignait donc une séance houleuse. La salle s'emplit assez vite. Tout de suite, chacun put constater par lui-même qu'il ne* *s'agissait pas du public ordinaire des manifestations de masse, où tous les courants se confondent dans une pensée commune. Une confrontation de partisans se préparait qui allait mettre aux prises syndicalistes et communistes. Dès le début, la salle se trouva inondée de «*bouillons*» de* L'Humanité *et de tracts. Le Parti communiste avait mobilisé ses troupes en masse. Les nombreux permanents et employés de l'organisation politique, les chefs de section, les groupes sportifs, la banlieue, tout avait été alerté pour un coup de force. De leur côté, les syndicalistes étaient venus en amateurs, sans aucune méthode de cohésion, sans aucune préparation. Ils entendaient faire valoir leurs convictions, comme de simples apôtres qui défendent des idées de leurs corps. Hélas ! La bonne volonté se révèle insuffisante face au plomb.*

LE DÉBUT ET LES PREMIERS INCIDENTS

*D'emblée, la tension monte. Quelqu'un crie : «*Vive le syndicalisme*», un blasphème, il faut croire, dans une maison bâtie avec les cotisations des syndiqués. Car les politiciens provoquent la bagarre. Le camarade Boudoux reçoit des volées de coups. Les syndicalistes se groupent autour de lui, la résistance s'organise. Rapidement, le noyau grossit et rétablit un calme relatif. Marcel Cachin, le jusqu'au-boutiste de la guerre, le super-bolchevique de notre temps, ose alors se montrer à la tribune. Ce politicien de carrière, ce non syndicable par excellence, veut* *parader à la Maison des syndicats. Il est accueilli par des huées, par des applaudissements aussi. Le tumulte se renouvelle. Le coin des syndicalistes est de nouveau sauvagement attaqué. Boudoux, monté sur un banc brisé, tente d'apaiser les combattants avec des gestes désespérés. On dirait qu'il sent venir le mauvais coup. Dans un moment d'accalmie, la rage au cœur et les yeux mouillés de larmes, il engage les syndicalistes à ne pas continuer plus longtemps une lutte qui pourrait devenir meurtrière, de la part des politiciens déchaînés. En vain.*

LE CAPITAINE APPARAÎT ET LE DRAME SE NOUE

Le capitaine Treint remplace Cachin à la tribune. Son apparition suscite les sifflets et les paroles indignées. Le soudard a l'air tout furieux et le geste remplace l'invective. Son bras se dresse tel un appel et balaye l'air frénétiquement, comme un ordre. Il désigne à ses troupes fanatiques le coin syndicaliste, qui tient toujours bon à son poste de défense du syndicalisme. Une nouvelle vague d'assaut prend alors corps. L'horloge indique 21 h 45. Pan, pan, pan ! La bataille ne se continue plus avec les poings et les pieds. Les revolvers entrent en jeu. Vingt, vingt-cinq, trente balles, les pauvres gens qui se croient communistes vident leurs chargeurs et trois camarades tombent, très grièvement blessés au ventre, à la tête. Notre malheureux Boudoux a la figure déchirée par une balle.

De notre envoyé spécial

*

Extrait du *Libertaire*, vendredi 18 janvier 1924

NICOLAS DELACROIX

Constatant le tapage indécent du Parti communiste français autour du cadavre de notre ami syndicaliste Nicolas Delacroix, je tiens à opposer un démenti formel aux assassins communistes qui revendiquent aujourd'hui, sans vergogne, l'amitié de leur victime. Nicolas Delacroix était pour moi un camarade. Nous avons travaillé un bon moment ensemble chez Renault. Nous habitions le même quartier et faisions la route ensemble matin et soir. Nous partagions tous nos déjeuners. J'affirme que Delacroix n'a jamais appartenu au PCF et n'était guère sur le point d'y adhérer, car il n'aimait pas les politiciens, surtout ces derniers temps, où les intrigues du PCF l'ont dégoûté. Chez Renault, notre camarade Delacroix a été de tous les combats anarchistes, et notamment de l'action contre l'impôt sur les salaires. Il a été licencié à titre d'exemple, et le système des fiches de la maison Renault lui a causé beaucoup de tort pour retrouver du travail. Récemment encore, il a payé de sa place la grève de la maison Ducellier. Moi aussi, je lisais L'Humanité, *comme Delacroix. Qu'est-ce que cela prouve ? C'est avec de si piètres arguments que l'on vole un cadavre en falsi-*

fiant l'opinion du vivant ? Combien avez-vous donc payé à la famille, pour lui arracher la mémoire et la dépouille de Nicolas Delacroix ? Arrière, chacals de la politique. Malgré votre presse et votre argent, malgré vos cris de hyène et vos moyens de corruption, vous n'avez pas le droit de revendiquer ni d'exploiter les cadavres des victimes de votre secte de fanatiques.

Wright, 11e section des métaux

2

Identités

CARTE D'IDENTITÉ
Nom : Delacroix
Prénoms : Lucien, Jean, Gaston
Profession : apprenti libraire
Né le : 23 juillet 1922
À : Paris, IVe arrondissement
Domicile : 22, rue de Tournon, Paris, VIe
Département : Seine

SIGNALEMENT
Taille : 1,75 m
Cheveux : châtains
Yeux : bleus
Nez : dos régulier, base en trompette
Dimensions : – –
Forme du visage : ovale
Teint : pigmentation pâle
Signes particuliers : néant

Lucien détaillait le labyrinthe de ses empreintes digitales sur le vélin crème flambant neuf. À côté de sa signature enfantine, la première officielle, figurait celle de son employeur, en qualité de témoin, comme l'exigeait désormais la loi française. Au-dessous, on pouvait encore lire « 15 mars 1943 » au tampon rouge et la griffe du commissaire de police. Un document incontestable, obtenu à la mairie du VIe à peine un quart d'heure plus tôt. Pour comparaison, il prit la carte que lui tendait Monny. Il examina minutieusement les deux pièces tour à tour et, devant celle du poète, dut convenir que le réseau de Mesens et de la Taupe fournissait un excellent boulot. L'identité était évidemment falsifiée, mais le document paraissait en tout point authentique, l'inverse, en somme, de l'impression que Lucien retirait de ses propres papiers. Le jeune homme se sentait d'humeur mélancolique, le muscle endolori, perclus de courbatures, comme un rescapé après la bataille qui toise la mesure de sa ruine en comptant ses blessures. Il jeta un coup d'œil circulaire sur la salle déserte, au premier étage du *Café de la mairie,* à l'angle de la place Saint-Sulpice et de la rue des Canettes ; il respira un grand coup, se pinça la cuisse jusqu'au sang, afin de se donner du courage. Il n'avait pas revu Monny depuis le jour de la révélation. Il redoutait de formuler les questions qui lui semblaient encore imprononçables une semaine auparavant. Entre deux gorgées d'orge grillée infectes, Monny confirma les craintes de Lucien de fond en comble.

Quelques heures seulement après le double assassinat de la Grange-aux-Belles, dans la nuit du 11 au 12 janvier 1924, un délégué du PCF était venu réveiller Théodule Delacroix à son domicile, pour lui apprendre en personne la nouvelle de la mort de son fils. Il agissait au nom des instances nationales du mouvement communiste et avait reçu mission de lui soumettre les termes d'un marché. Le Parti ne pouvait se permettre d'assumer seul la responsabilité du sang versé, le premier de sa courte histoire sur le sol français. Il y allait de la crédibilité de la représentation internationale des prolétaires. Dans la bouche du délégué, il ne s'agissait ni plus ni moins que de changer l'étiquette à l'orteil d'un cadavre. Les choses, bien pesées, avait-il insisté, ne sont jamais que l'idée qu'il en reste. *L'Humanité* se chargerait de tout. Le Parti organiserait des funérailles grandioses et, d'un obscur métallo de vingt-cinq ans, amoindri de tendances asociales, la foule des militants retiendrait une légende en tout point exemplaire. En échange, l'orphelin se verrait pris en charge sur le plan financier jusqu'à l'âge de quinze ans révolus. Il jouirait gracieusement d'un logement de deux pièces dans un quartier central de Paris ; il bénéficierait de l'accès aux meilleurs établissement scolaires, ainsi que d'une allocation trimestrielle indexée sur l'inflation, versée à sa veuve de mère. Cette dernière n'avait, du reste, pas eu son mot à dire. Selon

Monny, le grand-père picolait sévère; il cognait fort, mais ne perdait jamais le nord : il avait marchandé sans vergogne la dépouille de son fils en mégotant le blot jusqu'aux premières lueurs de l'aube. De notoriété publique, les militants communistes noyautaient le conseil municipal et les commissions administratives de la commune de Saint-Ouen : Théodule s'était laissé convaincre par la promesse d'une belle boutique assortie d'un bail de brocanteur en bonne et due forme, dans les allées du futur marché Biron. Le rêve de toute une vie, au souvenir de Monny.

« Il y a très peu de vrais morts, prince Hamlet : les cimetières sont remplis de fraudeurs et nos têtes sont pleines de fantômes. »

Le lendemain matin, Lucien obtint la permission de se rendre rue de Richelieu, à la Bibliothèque nationale. Il commanda au magasinier les collections de *L'Humanité* et du *Libertaire* qui couvraient la période du 11 au 20 janvier 1924. Il ouvrit les volumes en toile brute, côte à côte, et lut en parallèle la vingtaine d'articles, au total, que les deux journaux avaient consacrés à l'ensemble de l'affaire. Il couvrit son carnet de nombreuses notes, de schémas. Sur fond de polémique, d'insinuations fielleuses, de démentis formels, la falsification opérée par le quotidien communiste apparaissait à la lumière, nette et sans bavure. Lucien se rappela le travail des embaumeurs dans l'Égypte ancienne et plus précisément l'opération qui consistait, en pratiquant des trous minimes, à vider le cadavre de ses organes vitaux et de sa substance cérébrale, avant que les humeurs ne tournent comme la chair d'un crabe. À la momie moderne, on retranchait également la mémoire, par mesure de précaution. Une seconde mise à mort : une exigence de prophylaxie nouvelle, pour des pourritures d'un genre nouveau. Le mensonge était taillé sur mesure, peint à la main, comme un œil de verre en quelque sorte. Après deux heures de consultation, à la relecture de ses notes, le jeune homme ne conservait plus de son père qu'une sensation lointaine, tout juste un souffle, le geste d'un rêve qu'on retourne comme un gant. Il ne restait de son histoire qu'une doublure de flanelle miteuse à l'usage des vivants. Lucien songea à sa mère, qui savait nécessairement, qui connaissait, peut-être, le nom des assassins ; à ce Wright, de la 11e section des métaux. Mais à quoi bon ?

« La vérité vous rendra libres. » Longtemps, il avait cru que la citation venait de Karl Marx, avant de la rendre à saint Jean. Religieuse ou politique, aux yeux de Lucien, la vérité se révélait surtout dans sa violence. Il ne s'agissait pas seulement de l'étrangeté radicale qui venait de frapper ses relations familiales, mais d'une ablation complète. Bien sûr, le fils et le petit-fils s'estimaient trahis. Lucien se rappelait notamment l'anniversaire de ses onze ans, le jour où sa mère l'avait régalé pour la première fois dans un grand restaurant. Elle tenait à marquer d'une pierre blanche son admission à Henri-IV et lui avait offert une montre-bracelet pour le récompenser d'un succès mérité. À présent, tous ces souvenirs semblaient à jamais dénaturés, entachés de soupçons de corruption jusqu'au dernier détail. Pour autant, Lucien ne se considérait pas comme une simple victime du mensonge, mais comme le principal vecteur de sa prolifération. Il ne pouvait s'empêcher d'éprouver un pincement de honte en songeant à la manière dont il avait fait mousser son pedigree, en particulier auprès de Laura. Au fil du temps, il s'était drapé dans cet héritage pour n'en retenir que l'élément de confort : le prestige de ne rien faire, de ne rien tenter. « La vérité vous rendra libres » : mais pour s'affranchir, encore fallait-il que l'esclave se jette dans l'arène. Lucien se sentait seul, déboussolé. Il se tournait vers son passé, tentait encore de démêler le pur du falsifié. Il aurait aimé se confier à Jef, pouvoir compter sur ses conseils. Il lui manquait. Le jeune homme repensait aux soirées qu'il avait partagées en sa compagnie et celle de Laura, deux ans auparavant, juste après l'évasion du philosophe. Il éprouvait aujourd'hui de l'envie, pour la première fois. Il suffisait de les entendre parler, l'une d'atomes, l'autre de combat, pour comprendre que ces deux-là ne s'étaient pas trompés de voie.

Dans les temps où la vérité évolue en liberté surveillée, quand elle ne se trouve pas purement et simplement confisquée par les autorités, la poésie paraît pour beaucoup un recours essentiel, une parole salutaire. Au cœur de la tragédie, attachés comme nous le sommes à la raison quotidienne, elle permet d'opérer toutes sortes d'analogies, de changements d'échelle, mais aussi des mises en perspective lumineuses et des détournements de sens fulgurants. Elle se retient facilement, se fixe par aphorismes, équivoques à souhait ; elle fait sentir longtemps ses effets toniques sur le sujet. Elle se consomme en passant, debout de préférence, comme un express au bistrot, dans un mélange de hâte et de lenteur prudente, le matin, à petits traits brûlants, vers après vers, afin de n'écorcher ni la langue ni la bouche. Pour celui qui s'écoute, dans ces moments, qui prend le temps de s'ouvrir au texte intérieur, elle tient lieu de purge et de principe d'éclaircie. Plus la liqueur semble épaisse et noire et bileuse, plus elle pèse son poids de lave sur les entrailles du lecteur, mieux elle dissipe les brumes du paysage, au-dedans comme au-dehors. Lucien tenait ces notions de son commerce avec Rimbaud. Depuis cinq ans maintenant, il lisait les poètes tous les jours, par fines tranches de temps, comme un exercice de gymnastique respiratoire auquel on doit s'astreindre de manière rituelle. Il avait intégré les dimensions physiologique et atmosphérique de la poésie à ses principes d'hygiène de vie. Il y trouvait un dérivatif puissant à sa condition d'esclave social, un antidote à la débilité, à la surexcitabilité de son sentiment. En ce début de printemps 1943, cependant, enragé de poèmes comme il ne l'avait jamais été, imbu de ses faiblesses comme de ses prérogatives, Lucien était loin de soupçonner que le mal dont il souffrait était devenu la marque d'une époque.

En dépit des restrictions sévères et des innombrables difficultés rencontrées par les éditeurs dans le parcours de l'attribution du papier, on n'avait jamais imprimé autant de poèmes au pays de la Pléiade. Les petites revues pullulaient et essaimaient partout leur pollen, grâce au transport postal motorisé. À elles seules, elles parvenaient à féconder une génération spontanée sur l'ensemble du territoire français, des campagnes les plus reculées jusqu'aux comptoirs coloniaux. Auteurs, lecteurs, tous trafiquants de mots, se levaient aux quatre coins de l'empire, prêts à tout quitter à partir d'une simple métaphore. La parution de *Confluences* ou de *Fontaine*, pour tout un peuple d'affamés, avait chaque mois valeur de victoire, de Paris à Hanoi en passant par Alger. Les revues passaient de main en main avec avidité et se dévoraient par cœur, tels des rapports de conquête ; en quelques jours à peine, les fascicules finissaient à l'état de squelettes, digérés jusqu'à l'os, noircis de chants d'espoir comme par une attaque de fourmis. Comprimé de part et d'autre, le besoin de vérité se concentrait désormais tout entier sur la poursuite de la parole vertigineuse.

Le phénomène atteignit son paroxysme aux mois

d'avril et de mai 1943, à l'occasion de la publication de l'*Anthologie de la poésie religieuse française*, à l'enseigne de la maison Gallimard. La qualité du choix opéré par l'éditeur suscita l'enthousiasme de la critique et rencontra aussitôt un public, une faveur inouïe pour ce genre de spécialité. Les presses de l'Imprimerie moderne durent relancer trois fois en quelques semaines, afin de satisfaire une demande que personne n'avait anticipée. Lucien ne mettait pas souvent les pieds chez Gibert, boulevard Saint-Michel, ni dans les librairies de livres neufs ; depuis qu'Édouard Mesens désertait *Les Corps intermédiaires*, il n'en avait plus la disponibilité. Mais de l'anthologie il éprouva, à son poste, la puissance des effets prescripteurs. Du jour au lendemain, il se trouva assailli de requêtes insolites. Robert Desnos, le premier, manifesta son intérêt dès la fin mars. Il débarqua un beau matin, en voisin, une liste à la main : Louis Des Masures, Jacques Grévin, Pierre Motin, Claude Malleville, Jean Ogier de Gombauld, Guillaume de Brébeuf, Laurent Drelincourt… et bien d'autres encore. Des livres du second rayon, rien que des nanars. De la poésie de lamentation, remplie du goût du malheur, Lucien l'avait parcourue et la tenait en horreur. Il croyait à Desnos un passé de mécréant, il ne lui cacha pas son étonnement. Les jours suivants, les demandes de la même eau affluèrent à la boutique. La perplexité du jeune homme céda bientôt au scepticisme, face à ce qui prenait la tournure d'une régression générale dans le domaine de l'esprit. Lucien ne pouvait s'empêcher de trouver à ces bondieuseries les mêmes défauts qu'à la poésie nationale actuelle, celle dont s'était entiché Édouard Mesens depuis près de deux ans : derrière la recherche commune d'un sentiment d'exaltation se cachait l'alliance éternelle du sabre et du goupillon. Mais, confrontée à un monde inique, la véritable poésie ne se réfugie pas dans la mystique, elle se tourne vers l'hérésie. Chaque fin de semaine, Lucien refaisait ses comptes : à ses yeux, pas de doute, les meilleurs esprits se laissaient, à leur tour, gagner par la folie.

À la mi-mai, cependant, les amateurs de poésie n'étaient pas les seuls à donner des signes de faiblesse, ni à nourrir les angoisses du jeune homme. Les foulards de Laura continuaient à disparaître, sans explication. Surtout, le lapin Zonzon développait de sérieux troubles identitaires et venait de renouer bruyamment avec ses fantômes. Depuis le début du printemps, l'animal multipliait les signes associés par la littérature spécialisée au syndrome catatonique. Il gardait sans arrêt la gueule ouverte, salivait en abondance et son épiderme présentait une cyanose qui donnait à sa fourrure de curieux reflets bleu ciel, comme le plumage des anges chez William Blake. Surtout, le lapin alternait, de manière alarmante, les périodes de prostration morbide avec les phases de crise et de gesticulations stéréotypées. En une fraction de seconde, il pouvait passer de la léthargie la plus complète à la frénésie d'activité d'un grouillot de Wall Street, pour retomber plus bas encore quelques secondes après, à l'état de chiffe molle. Ces mouvements de yoyo permanents lui tarabustaient l'ardeur et lui ôtaient peu à peu le goût du fenouil. C'était à nouveau un crève-cœur de le voir prendre son élan pour donner du crâne sur les plinthes. On aurait dit un supplicié qui cherche à s'oublier quelques heures. Devant la détresse de l'animal, Lucien ne resta pas les bras croisés et partit en campagne. Il se procura douze mètres de boudins de porte aux puces de Saint-Ouen, de longs teckels de mousse et de toiles de couleur usagées, dont il couvrit à prix d'or le pied de ses murs et le bas de sa porte. Il craignait surtout que Zonzon ne finisse par se fracasser réellement la tête ; il n'aurait pas supporté le spectacle d'une goutte de sang sur le pelage blanc. Le soir, le jeune homme berçait le lapin dans ses bras et le dorlotait aussi longtemps que possible, afin d'apaiser sa fureur. Il le caressait en douceur, lui parlait à l'oreille, lui palpait délicatement le ventre dans l'espoir de circonvenir la douleur. Sans doute Zonzon manquait-il d'activité sexuelle et souffrait-il de l'air confiné. Mais, à le voir persister dans sa lubie et tourner la contrainte en remplaçant les plinthes par les pieds du lit, Lucien se demanda, en définitive, si la bête ne luttait pas avec des démons suicidaires.

Les lapins sont-ils sujets aux reflux acides de l'être ? Lucien débattait la question avec son amoureuse, lorsque, le 21 mai 1943 au soir, de retour au bercail, les deux jeunes gens constatèrent la disparition de Zonzon. La porte de la chambre de bonne était demeurée grande ouverte ; pour autant, Lucien se refusa à croire à une fugue et préféra soupçonner ses voisins par principe. Accompagné de Laura, il fit le tour de l'étage des domestiques, puis élargit ses recherches à l'immeuble tout entier. Ils frappèrent aux portes, tirèrent les sonnettes, s'enquirent de la bête auprès des uns, des autres, donnèrent l'alerte, sans succès. Ils réfléchirent que la piste du rapt alimentaire les égarait : à six ans, Zonzon avait atteint l'âge de carne et ne pesait, en tout état de cause, que deux livres et demie, pelage compris. Le lendemain matin, Lucien profita de la présence de Mesens à la librairie pour explorer les rues du quartier. Il couvrit un large secteur compris entre le boulevard Saint-Germain et la rue de Vaugirard, d'une part, entre Saint-Michel et la rue Bonaparte, de l'autre. Il inspecta les portes cochères, s'aventura dans les cours, les cagibis, interrogea les concierges, les commerçants et même les sentinelles de la Luftwaffe, devant le Sénat. Le jeune homme marchait les yeux par terre et scrutait le sol avec une attention toute particulière pour la chaussée. Malgré la rareté des véhicules automobiles, il s'attendait à tout moment à repérer une crêpe blanche étalée sur le pavé. Il placarda des avis de recherche chez les épiciers du coin avec la description du lapin nain, le nom auquel il était censé répondre et la promesse d'une récompense. Il se rendit ensuite au commissariat de la rue de Mézières et en fut éconduit comme un simple d'esprit. Par acquit de conscience, il poussa rue Cabanis, dans le XIVe arrondissement, au siège de la deuxième section territoriale du service de la voirie ; mais un samedi, il trouva porte close, évidemment.

Le travail de Lucien, cependant, porta bientôt ses fruits. Le lundi 24 mai, en fin d'après-midi, la nouvelle se répandit dans le quartier comme un feu d'étoupe : une ombre blanche s'étirait depuis la veille au soir derrière les grilles du Luxembourg, à la pointe Vaugirard, près du pavillon Guynemer. L'information paraissait fiable, confirmée par de nombreux témoins oculaires. Une farce, une tragédie : Zonzon venait tout bonnement de trahir et de passer à l'ennemi.

En ce printemps 1943, les jardins du Luxembourg n'offraient plus la physionomie édénique de l'été 1940, il s'en fallait de loin, même pour un lapin. De larges parties demeuraient désormais interdites au public et les orchestres militaires de l'occupant, omniprésents, rendaient spécialement pénible la fréquentation des autres. Les troupes allemandes avaient d'abord privatisé la partie nord de l'ancien domaine de Marie de Médicis, à savoir les imposantes pelouses situées dans l'axe de la façade du palais, jusqu'au bassin central. Elles y pratiquaient la gymnastique, l'athlétisme et les sports collectifs, principalement le football. Puis elles s'étaient peu à peu emparées des allées adjacentes et déployées vers l'ouest, réduisant d'autant la portion « parisienne », en direction de la rue Guynemer. La légende rapporte que l'idée d'installer un potager leur fut suggérée, en avril 1941, par un technocrate français, un chef de cabinet en délicatesse avec ses supérieurs. Il s'appelait Emmanuel Des Essarts. Il manœuvrait ainsi tout en finesse dans l'espoir de matérialiser un vieux rêve, contre le veto personnel du chef du gouvernement de l'heure. Il détailla son projet aux Allemands et les rallia sans difficulté au concept : à la fin de l'année, les troupes d'occupation plantaient une première récolte de choux à quelques mètres du Sénat. Elles annexèrent par la suite de nombreux espaces à leurs cultures diverses. Dès lors, Emmanuel Des Essarts n'avait plus qu'à se prévaloir du précédent pour porter son enfant sur les fonts baptismaux. Au printemps, il fit aboutir deux lois qui accordaient aux employés du Sénat l'usage exclusif d'un jardin potager de quatre mille trois cents mètres carrés, au titre du régime des cultures collectives d'entreprise instauré par Vichy. Début 1943, les Allemands, piqués au vif, répliquèrent par la création d'un local à patates à côté du pavillon Guynemer, un édifice conçu selon les normes architecturales du bunker. Il ne s'agissait pas d'un simple garde-manger disposé en plein air, mais d'un immense coffre-fort alimentaire, un monument de perversité nazie, surveillé jour et nuit par une dizaine de soldats en armes. La zone de sécurité renforcée couvrait un peu moins d'un demi-hectare autour du trésor, sur les vingt-trois que comptait au total la superficie des jardins. Un cinquantième, seulement, mais de terreur pure : le terrain sur lequel Zonzon avait choisi de donner sa mesure.

Lucien tenait à agir au plus vite et de nuit, malgré le couvre-feu, à la manière d'un commando. Laura prônait la jugeote, au contraire ; elle s'efforça, par divers arguments, d'écarter son amant d'une impulsion qui pouvait se révéler mortifère. Le jeune homme s'entêta en héros ; il décida, pour finir, de tenter le coup en solo. Le soir même, il enfila des frusques de couleur sombre, bien ajustées au corps, de vieux gants de soie et une casquette de cuir noir. Il retira ses chaussures pour étouffer ses pas. Il se saisit du petit filet de rétiaire, qu'il glissa dans sa poche, d'une ligne de pêche plombée montée d'un hameçon, et, sans autre plan concerté, à l'approche des jardins, manqua se faire hacher d'une rafale de mitraillette lâchée sans sommation. Il se laissa tomber à terre par réflexe et se roula en boule, à l'abri du muret. Il sentit les balles siffler à travers les grilles, à quelques centimètres au-dessus de lui ; puis il perçut le fracas d'une vitrine qui dégringolait au milieu de la nuit. Le silence revenu, il rampa, aussi vite qu'il le put, jusqu'à la rue de Fleurus. Il se cacha à l'entresol du numéro 2, derrière un rideau de velours, devant la porte d'un certain Paul Valet. Il y resta jusqu'au lever du jour, debout, sans un bruit, les membres envahis de fourmis.

Le spectacle qu'il découvrit, de retour sur ses pas de la veille, lui laissa longtemps un goût amer. Derrière les grilles, à quelques mètres du bunker, Zonzon se dressait sur ses pattes arrière, seul de son espèce au milieu de nombreux écureuils. Il semblait radieux dans la brume de l'aube, le museau propre et sec, l'œil aux aguets, le poil lustré, en grande santé : comme s'il attendait l'âme sœur. Lucien lui adressa des signes, à défaut de crier, le supplia de revenir à la maison, la bouche en cœur, les mains serrées. L'animal le dévisagea longuement, des pieds à la tête, en prenant le temps de peser la requête, du haut de ses vingt centimètres. Puis il effectua un demi-tour sur lui-même, pour montrer son panache, et partit tout pimpant faire du gringue à l'Allemand.

3

Retour à la terre

Léon reçut son ordre de mobilisation au début du mois de juin 1943 comme une marque d'humiliation personnelle. En dépit de toutes ses intrigues, de ses contacts supposés dans l'entourage d'Hermann Goering, le courtier le plus influent et le plus actif de la place de Paris n'avait pas réussi à se soustraire à temps aux réquisitions Sauckel, ni à obtenir de quiconque le moindre sursis. Aussi vaniteux qu'un paon, l'apprenti se figurait volontiers porter de l'ombre à la statue du patron : il avait immédiatement soupçonné ce dernier d'être à l'origine de la vexation. Appelé pour deux ans au titre du Service du travail obligatoire, Léon s'était démené pour renvoyer la sanction. Il avait peu à peu épuisé les recours, les uns après les autres. En pratique, il se trouvait maintenant contraint de mettre la clef sous la porte et de renoncer, pour des queues de cerises, au statut d'apprenti, mais surtout à la totalité de ses prérogatives commerciales. Il y voyait une mise en faillite officielle, une déchéance de l'entité économique, pire qu'un arrêt de mort, en somme, pour un homme d'une trempe telle que la sienne. Le départ vers l'Allemagne était fixé peu après la Pentecôte, le 17 juin. Léon allait devoir rejoindre la masse des conscrits à la gare du Nord, patienter une demi-journée pour pointer son matricule, prendre place, enfin, à bord d'un convoi ferroviaire bondé à destination de Berlin. Le voyage en train était censé durer quarante-huit heures et des brouettes, un sacré tunnel vers l'inconnu. Au bout l'attendait un passeport allemand. Il avait peine à y croire, vraiment. La feuille de route précisait en petits caractères une affectation finale : un emploi de manœuvre dans une usine de Spandau, au nord-ouest de la capitale du Reich. Spandau ? De retour de la visite médicale, il s'était procuré une carte, pour bien matérialiser le trou. Il avait accusé le coup, salement, un temps, deux, trois jours à peine, avant de se rappeler sa réputation de battant.

À vingt et un ans, Léon, le roi de la salle, le bourreau des ventôses, avait déjà tout du vieux cabot. Il aimait éveiller les regrets, les sentir flotter, par-dessus tout. Il décida de consacrer le temps qui lui restait à mettre en scène des adieux grandioses. Comme une célébrité vend sa dernière, il effectua des dizaines de représentations à droite, à gauche, le plus souvent en matinée, dans les librairies, mais aussi dans les bistrots, en soirée, sans oublier les multiples apparitions solennelles en coulisse, à Drouot. Il improvisa des discours, un ou deux souvenirs sentis, lâcha quelques énormités, afin de satisfaire les attentes du public. Il présenta ses devoirs aux aînés, aux dames, tira des révérences ; à tous, il offrit des bouquets de fleurs et quantité de pots, en veillant à n'oublier personne dans ses toasts. Il persévéra ainsi dans son être, magnifique, et continua à envoûter par habitude, en véritable bête de scène, sans avoir l'air d'y toucher. Il n'avait rien rabattu de sa mégalomanie désarmante : en tendant bien l'oreille, on pouvait même distinguer dans son propre panégyrique de nouveaux accents typiquement néroniens. Tout juste se montrait-il désormais attentif à ménager un peu mieux la susceptibilité des autres. Depuis ses récents revers administratifs, il jugeait prudent de ne plus insulter l'avenir de manière systématique, mais, dans les faits, il ne donnait à aucun moment le sentiment de douter de son étoile. Il gardait le vice de chambrer, de tailler au plus vache, chevillé au corps.

Lucien put s'en offusquer par privilège, la veille du départ de l'énergumène pour l'Allemagne. Léon poussa en effet l'arrogance jusqu'à se croire autorisé à parader sous son nez, rue de Tournon ; pire : à soumettre à Mesens une requête d'embauche. Léon ne doutait de rien, pas même de piquer le boulot de Lucien, après son temps chez les Boches. Entre ces deux-là, l'échange tourna du reste au pugilat ; les insultes fusèrent à la première minute. Édouard Mesens se vit contraint de séparer les jeunes gens et de faire rempart de son corps, alors qu'ils en venaient aux poings. Léon, il est vrai, lâcha son venin sitôt arrivé. Il feignit la surprise en saluant la présence de son homologue à Paris. Il prétendit qu'il croyait Lucien en « Teutonie » depuis les tout débuts de la Relève. Le ton monta très vite, avec les noms d'oiseaux. Léon traita Lucien de « pistonné », de « fils caché » et autre « lécheur de frisés ». Lucien répliqua qu'il ne se souciait aucunement des commentaires d'un « déporté volontaire » et, sans rien ajouter, lui colla une droite, direct sur le blair.

« "Fils caché", non mais quel crapaud ! » plaida Lucien auprès de son patron, une fois l'incident clos.

– Partout où elle se manifeste, la violence signe un échec. Je me demande, au bout du compte, si un petit séjour en Allemagne ne serait pas également adapté à un cas comme le tien », conclut Édouard Mesens, manière d'asticoter un brin.

Lucien en avait conscience, il bénéficiait d'un sursis inespéré. Il savait aussi qu'il n'en obtiendrait pas d'autre : la date du départ était repoussée de trois mois, ajournée au 15 septembre 1943. Il avait mûri la question, avec le temps. Il n'irait pas en Allemagne ; pour rien au monde il ne voulait vivre soumis. Il refusait de prendre le parti des moutons, des Léon, il avait tranché une fois pour toutes : il excluait de renoncer à sa liberté, à sa dignité de personne pour contribuer, d'une quelconque façon, à l'effort de guerre nazi. Il se sentait prêt à rejoindre la

Résistance, à se battre par les armes quand il en trouverait, bref, à assumer le rôle de la violence dans l'Histoire. Hélas, il n'était plus question d'intégrer les équipes de nuit du Collège de France, car les Allemands sécurisaient les abords du bâtiment depuis le débarquement allié en Afrique du Nord.

Lucien n'entrevoyait guère encore comment il allait s'y prendre, mais il était fermement décidé à se fondre dans le brouillard à la faveur de l'automne. À bien y réfléchir, en tout cas, il se demandait si la trahison de Zonzon n'avait pas servi de révélateur. Elle était venue lui rappeler à point nommé quelques lignes essentielles de la vie d'un homme. En particulier, celle qui le ramenait inlassablement à Laura. Il se serait maudit de la décevoir encore. Laura : comment dire ? Il lui devait tout, comme au Grand Mystère les Sioux : les songes, la vie organique, l'air et la lumière à travers les tissus. Elle lui semblait dotée d'un ascendant magique incontestable. Elle pouvait chasser les vieilles lunes d'un claquement de doigts, retourner les montagnes, éradiquer les obstacles. Elle bouleversait et réinventait la vie quotidienne sans cesse, puis reformulait, à sa manière, la langue nécessaire à l'intelligence du reste. Elle créait des néologismes de toutes pièces, des sortes de sésames, des petits noms en creux, rien que pour eux et pour l'amour, des mots au parfum de sucre et de coups fourrés, aux accents de complots crapuleux. Elle étonnait Lucien à tout propos : il lui suffisait pour cela de la regarder vivre, évoluer et suivre ses idées. Elle ne les lâchait jamais, même celles qu'elle ne produisait qu'à la demande. Elle avait ainsi obtenu un ultime sursis au profit de Lucien en falsifiant pour lui une inscription au séminaire de chimie nucléaire du Collège de France. Un travail d'artiste, fignolé avec d'authentiques tampons subtilisés dans les bureaux du secrétariat. Une trouvaille brillante, une exécution parfaite, à l'image du stratagème qui avait convaincu Zonzon de rentrer à la maison sans débat. Laura avait fait l'achat d'une lapine au marché Seine-Buci. Une idée toute bête, mais elle avait ce chic, Laura : elle sentait des choses que le jeune homme ne soupçonnait pas.

Lucien songeait souvent à ce couple de gangsters américains dont il avait suivi la saga, au printemps de l'année 1934. Il n'était âgé que de douze ans à l'époque des faits, mais l'histoire de Bonnie Parker et Clyde Barrow l'avait frappé par ses aspects littéraires et la cohérence du romantisme avec le meurtre de sang-froid. Le meurtre de l'uniforme, s'entend, auquel Lucien développait une sensibilité depuis l'enfance. Le jeune homme se serait bien vu reprendre le rôle de Clyde, aux côtés de Laura. Ils étaient jeunes, ils étaient beaux, le monde ne serait jamais si dégueulasse. « La poésie en armes », l'affiche avait du chien. Les vers de Bonnie tenaient plutôt la route. Il se rêvait parfois, en compagnie de Laura, retranché à la lisière d'une forêt, seul à l'écart des humains, dans une baraque de bois. Il s'imaginait vivre au grand air, à travers les saisons, de cueillette, de chasse et de pêche, attaquer des convois. Il pouvait ainsi délirer pendant des heures, se projeter avec sa belle en maquisard. Mais les quintes de toux de Laura lui remémoraient sans cesse les fragilités de la chair. La jeune femme toussait souvent et, comme à son habitude, ne s'en souciait guère. De manière générale, elle avait tendance à ne tenir aucun compte des coups de pompe et des accès de fièvre, quand il s'agissait de faire acte de présence au laboratoire. Elle acheva son année au Collège de France en passant une pneumonie par pertes et profits durant plus de trois semaines. Elle mit son honneur à se lever tous les jours, à rester debout, en dépit des vertiges, jusqu'à la date officielle des congés d'été, le 9 juillet.

Lucien la récupéra à bout de forces, dans un état semi-comateux. Laura souffrait de nausées, de maux de tête, sa peau était couverte de plaques et d'auréoles. Elle finissait par lui flanquer la trouille, à traiter tous ses symptômes par-dessus l'épaule. Elle répétait qu'il ne fallait pas s'inquiéter, que son état de santé ne présentait aucun caractère de gravité : Irène Joliot-Curie, la femme de Frédéric, développait le même genre de faiblesse ; à quarante-cinq ans, elle s'en accommodait depuis toujours au moyen d'une alimentation saine et de fréquents séjours à la campagne.

Début août, quand Laura tint à nouveau sur ses cannes, Lucien organisa pour elle un pique-nique royal sur les pelouses de Versailles. On leur refusa la visite du château transformé en place forte, mais la journée était splendide et ils parvinrent à s'introduire dans le labyrinthe végétal et à profiter des jets d'eau. Ils déjeunèrent avec appétit, puis s'allongèrent sous le feuillage des grands arbres en se prenant la main. Laura se requinquait à vue d'œil, l'air heureux, détendu. Le soir, elle ne toussait déjà plus.

Jef reparut dans la capitale au début de septembre. En le voyant franchir la porte de la librairie, Lucien marqua un temps d'hésitation avant de fêter comme il se doit l'incroyable providence qui ramenait un ami à Paris, après une absence de trente mois. Le philosophe s'était fait pousser le poil sur le crâne et les joues, il paraissait transformé mais sa voix sans pareille s'offrait encore franche et nue. Phrase après phrase, Lucien se laissa gagner par la sensation que leur dernière conversation remontait à la veille. Il s'ouvrit en toute confiance des urgences de la situation. Il fit part de sa décision de lutter, de rentrer en clandestinité, et réclama sans détour l'aide de son aîné. Jef approuva l'idée avec prudence. Il mit en avant des difficultés d'ordre opérationnel. Il avoua que le mouvement venait de subir d'importants revers dans la région de Collioure : l'équipe de passeurs que le philosophe dirigeait resterait encore des mois en sommeil et les planques du réseau avaient été mises hors d'usage, à peu près toutes, sans exception. Par ailleurs, la tension régnait à Toulouse, suite à une vague d'attentats. Les soldats quadrillaient chaque centimètre de la ville rose, la Gestapo et la Milice restaient en permanence sur les dents et multipliaient les contrôles. Il fallait prendre le temps de procurer au jeune homme un logement, un travail, de construire une couverture crédible. Le problème des faux papiers devait trouver une solution ici, à Paris : carte d'identité et *Ausweis*, de préférence, pour faciliter le voyage en train. Lucien découvrait Jef en chef de guerre et ne cacha pas son admiration. Il assura qu'il faisait son affaire de la question des documents.

« Je crains que ce ne soit pas suffisant, lâcha le philosophe, sentencieux.

– Suffisant à quoi ? demanda Lucien.

– À prouver que tu as la carrure de l'emploi », asséna Jef.

Lucien le regarda, incrédule, et dut constater qu'il ne plaisantait pas. Une idée lui traversa soudain la tête et lui ouvrit un sourire de part en part :

« Je comptais m'y rendre seul. Vu les circonstances, tu vas m'accompagner : demain 14 h 30, rue du Faubourg-Saint-Honoré, au n° 24. N'aie pas peur de te saper. »

En découvrant les vitrines de la maison Hermès, le lendemain, à 14 h 30 précises, au 24 de la rue du Faubourg-Saint-Honoré, Jef se dit qu'il aurait mieux fait d'écouter Lucien et de passer une veste de lin. Il n'avait pas compris que la consigne consistait à se présenter au rendez-vous déguisé en gravure de mode, comme la tradition l'exige des visiteurs dans un établissement de grand luxe. Il se moquait de passer pour un plouc en vadrouille, mais craignait d'attirer l'attention sur Lucien. Il est vrai qu'à ses côtés, le philosophe passait facilement pour une tache. Jef admirait avec sincérité la métamorphose du jeune homme, du prolo sec au grand bourgeois futile. Il y voyait un cas de transfiguration de l'individu par le prestige de l'uniforme social. Lucien respirait la beauté, la jeunesse de la race, l'aisance de classe : le gendre idéal. Le philosophe s'étonnait qu'avec une telle prestance, son cadet ne songeât point à tirer du costume-cravate un avantage plus régulier, d'autant que Lucien maîtrisait la partition aussi bien que le rôle. Il parlait à voix haute et distincte, avec une mâle assurance, et semblait résolu à tenir la note le temps d'un long solo.

En rentrant dans la place, Jef fut surpris de trouver une clientèle fort nombreuse et majoritairement composée d'officiers et de soldats allemands. Il nota que Lucien avait dû procéder à un repérage préalable, car il traça son chemin sans hésiter et ne tint aucun compte de ce qu'un autre eût considéré comme un danger. Jef lui emboîta le pas, à quelques mètres de distance ; il ne le quitta plus des yeux, curieux d'analyser les principes de sa technique. Lucien touchait à tout, demandait pardon, s'intéressait aux articles ; il déambulait avec élégance, de comptoir en comptoir, et passait d'un rayon à l'autre en adressant des signes de sympathie au petit personnel ; quelques mots gentils pour déplorer la pénurie, si cruelle. Ses mouvements avaient la fluidité d'un homme qui progresse en pays de connaissance. Sellerie, maroquinerie, parfumerie, horlogerie, en dix minutes, Lucien gratifia Jef de la visite complète de l'enseigne. Ils contournèrent l'immense escalier central par la droite, effectuèrent le grand tour, avant de boucler le parcours par le rayon des foulards.

Lucien s'immobilisa net. Il prit le temps d'évaluer la topographie précise du lieu, l'effectif humain à l'intérieur du périmètre, puis fondit sur une vendeuse, et entreprit de lui parler les yeux dans les yeux :

« Je ne sais pas comment elle parvient à son compte, mais la jeune femme qui occupe mes pensées ne cesse d'égarer les carrés que je lui offre. Madame mère aimerait me convaincre qu'elle les abandonne à ses amants ; je m'assure qu'elle se trompe, mais passons. Toujours est-il que ma fiancée possédait une douzaine d'exemplaires du Jeu des omnibus et Dames blanches il y a trois ans à peine, et qu'il ne nous en reste plus aucun. Convenez que c'est troublant, mademoiselle. Nous partons ce week-end en escapade à Deauville, je voudrais lui épargner un vilain rhume, vous voyez ça ? Je me demandais si vous ne pourriez pas nous dépanner sur ce coup-là ? »

Lucien articulait en chuintant les sifflantes, comme s'il avait des éponges plein la bouche.

« Avec plaisir, cher monsieur, laissez-moi vous

soumettre notre dernier modèle, dessiné par Olivier Dumas, Retour à la terre, inspiré de l'œuvre immortelle du Maréchal, répondit la vendeuse, toute guillerette.

– É-pa-tant, je ne voudrais surtout pas nous priver de ça. Et que pourriez-vous suggérer d'autre ? »

De fil en aiguille, Lucien se fit ouvrir les semainiers, un à un. Au total, Jef dénombra trente pièces textiles, pour cinq patrons différents.

« La soie est-elle donc devenue si rare ? s'exclama Lucien, un peu déçu.

– Plus encore que vous ne pourriez le croire. Ce sont ces messieurs de la Luftwaffe, avec leurs maudits parachutes », murmura la jeune femme, en confidence, puis elle désigna du minois trois silhouettes de couleur bleue, non loin de l'escalier monumental.

Jef observait Lucien virevolter entre les semainiers, tout en continuant à badiner. Le jeune homme glissait de tiroir en tiroir, laissant courir avec grâce son doigt sur les étoffes ; il se saisissait d'un foulard, puis le reposait, ou bien en chargeait la vendeuse, en agrippait un autre pour le déployer devant lui, le replier tout en long, puis l'étaler sur son avant-bras gauche : comme on procède quand on veut comparer des cravates. Il sollicitait l'avis de la jeune femme au sujet de chacun des modèles, l'entretenait des goûts de Laura et l'assaillait de questions sur le processus de fabrication et la teinture des carrés de la maison Hermès. Des questions pointues, au demeurant, Jef n'aurait jamais pu soupçonner les ressources du jeune homme sur la question chiffons. Lucien opta finalement pour Retour à la terre. La vendeuse nota la référence du patron, satisfaite, le prix de l'article sur un ticket, et tendit le morceau de papier à Lucien afin qu'il passe à la caisse, en attendant qu'elle prépare son coffret.

Jef eut le temps de déchiffrer la somme et calcula qu'elle correspondait à la louche à cinq mois du salaire de la donzelle. Le philosophe demeurait perplexe quant à l'objet réel de la démonstration.

« Tu parais te dégourdir avec les dames, c'est certain ; j'imaginais cependant que tu aurais à cœur de t'exposer à des périls moins conventionnels », apprécia-t-il, quand les deux hommes furent sortis du magasin.

Lucien lui signifia de se taire et, sans un mot, ouvrit la marche à pas rapides en direction de la Comédie-Française. Place du Palais-Royal, après quelques centaines de mètres, le jeune homme accomplit un demi-tour soudain et se retrouva nez à nez avec Jef. Il demanda au philosophe de tenir le paquet un instant, sans bouger, afin de couper le vent, le temps d'allumer un clope. Lucien plongea la main dans sa poche intérieure et, au lieu d'un briquet, en sortit un foulard. Puis un deuxième d'une poche extérieure de la veste. Un troisième, un dernier, enfin, cachés sous la ceinture, devant, derrière le pantalon. Quatre exemplaires du Jeu des omnibus sur les six que le philosophe avait repérés chez Hermès : Lucien avait frappé fort, Jef ne s'était aperçu de rien.

« Des foulards, des lapins, il ne te manque que le haut-de-forme pour compléter la panoplie du parfait magicien ! C'est d'accord, mais sois patient, et planque-toi en attendant. J'ai besoin de temps pour m'occuper de ton cas. »

Le 15 septembre 1943, Lucien ne se présenta pas à la gare du Nord, ni sur son lieu de travail. *Les Corps intermédiaires* restèrent porte close ce jour-là, et le demeurèrent de longs mois.

Le dimanche 24 octobre, à 6 heures du matin, les policiers français opérèrent une descente au 22, rue de Tournon, avec un mandat pour insoumission : au sixième étage, les agents fouillèrent de fond en comble les neuf mètres carrés de Lucien. Ils firent chou blanc. Ils profitèrent du déplacement pour perquisitionner en face, au 17 : l'appartement des Mesens. Trois jours auparavant, Odette et Édouard s'étaient décidés à prendre la direction de la Lozère en compagnie de Nusch et de Paul Éluard. Les deux couples avaient trouvé refuge dans la clinique du docteur Bonnafé, à Saint-Alban, et comptaient bien attendre la fin de l'hiver au milieu des fous, à l'abri de tout.

À Paris, Lucien se terrait dans sa planque en se laissant pousser la barbe. Par peur des contrôles, il s'interdisait toute sortie, de jour comme de nuit, sauf lorsqu'il éprouvait le besoin impérieux de changer d'atmosphère. Il se rendait parfois rue d'Alésia, chez Laura. Le plus souvent, il se cachait rue Jean-de-Beauvais, à côté du Collège de France, dans l'atelier de la Taupe, où la jeune femme le retrouvait le soir, à la sortie du labo. Lucien évitait les transferts de domicile trop fréquents. Il craignait à juste titre que le tintouin des lapins ne le désigne ouvertement à la répression du marché noir. Alors, il tournait en rond comme une âme désœuvrée, il ne parvenait pas à ouvrir le moindre livre, ni même un cahier. Il ne savait pas, il n'avait jamais appris à se tenir tranquille, à attendre, là, sans moufter, simplement, comme un bœuf.

À la mi-novembre, la Taupe lui remit un jeu de faux papiers. Il ne manquait plus que les instructions de Jef concernant la date du voyage pour finir de renseigner les rubriques de l'*Ausweis*, déjà dûment signé et tamponné. Lucien se nommait maintenant « Ducasse », « Lucien Ducasse », natif de Tarbes. Il avait vieilli de trois ans et se trouvait *ipso facto* libéré des obligations du STO. Mais nullement prémuni contre les rafles et les réquisitions sauvages. Depuis quelque temps, l'ambiance à Paris se révélait particulièrement lourde pour les sujets masculins de moins de trente ans qui n'émargeaient pas à la Milice.

Lucien prit son mal en patience une quinzaine encore. Il se mit à la gymnastique. Jour après jour, il sentait monter l'excitation à l'approche du combat. Il lui tardait de bouger, de prendre les armes, enfin. Pour autant, il ne songeait pas sans tristesse à Laura. La jeune femme pouvait bien répéter que Frédéric Joliot-

Curie l'avait toujours protégée, Lucien éprouvait mauvaise conscience à l'idée de l'abandonner.

Le 1er décembre, Laura reçut un billet de train adressé sous enveloppe à son nom au Collège de France. Le départ était fixé au 7, par le train de 7 h 17, à destination de Toulouse-Matabiau. La jeune femme tint absolument à accompagner son homme à la gare d'Austerlitz. Il faisait encore nuit. Elle grelottait des pieds à la tête. Lucien la plaqua contre son torse et l'embrassa, longuement, à lui couper le souffle, sans parvenir à la soulager de ses tremblements. Sur le quai, les amoureux se firent des adieux en tous points déchirants. Puis Lucien se hissa à bord du wagon.

4

Les moutons

« Faut déjà aimer les légumes ! » Lucien ruminait sa déception devant les étagères. Les légumes ? Il ne les appréciait guère. Il privilégiait d'ordinaire les apports substantiels, spécialement en hiver. Il sentait le froid et la faim s'insinuer peu à peu à travers les mailles de son tricot de laine et lui mordiller la couenne. Il ne savait combien de temps il allait devoir tenir cette quarantaine, mais les ressources de sa planque manquaient à son goût de la plus élémentaire variété : *Jardins solitaires*, *Plantes potagères*, *Manuel des biens de campagne*, *Traité des champs*..., la bibliothèque de l'ancien presbytère trahissait une perversion de pouce vert que le jeune citadin déplorait à cette heure de ne pas cultiver. Sur la centaine d'ouvrages contenus dans les rayonnages, seules deux brochures déparaient le thème de l'économie rurale et présentaient à ses yeux un sujet digne d'intérêt : *Essai sur les notions de structure et d'existence en mathématiques* et *Essai sur l'unité des sciences mathématiques dans leur développement actuel*. Le jeune homme n'entendait rien à la logique ni à l'axiomatique, ni même au vocabulaire technique de la philosophie ; sous le libellé universitaire classique, il appréciait en revanche l'effet de mise à distance et l'éclat barbare des titres. Il se réjouissait surtout de ce que les deux fascicules pouvaient lui révéler de la personnalité de leur auteur. Il regrettait que ce dernier ne soit pas venu l'accueillir en personne à la gare et s'impatientait de le revoir.

Lucien, en définitive, ne connaissait à peu près rien de Jef. Le philosophe s'exprimait, certes, volontiers ; il débattait avec passion : pour autant, il se confiait rarement et n'évoquait pas l'actualité de ses travaux. Lucien ne l'avait jamais lu ; il ignorait même qu'il fût l'auteur de deux livres publiés avant-guerre par un éditeur prestigieux. Les exemplaires sur lesquels Lucien venait de mettre la main portaient de longues dédicaces autographes de Jef Goldman à son père ; et une date : « été 1938 ». Les volumes demeuraient à l'état de neuf, non coupés, vierges de tout regard humain, comme les neiges d'un sommet. Le vieux jardinier ne s'était sans doute pas senti à la hauteur des préoccupations de son fils ; ou alors, il escomptait mieux des siennes, Lucien manquait d'éléments pour trancher. Menacé, quant à lui, par les assauts insidieux de la neurasthénie, le jeune homme se persuada qu'il ne coûtait rien d'essayer.

L'ancien presbytère occupait un petit tertre de pierre dans un pays de collines, un cul-de-sac perdu au bout d'un chemin de terre long de quatre kilomètres à travers prairies et forêts. À cinq cents mètres d'altitude, la bâtisse médiévale dominait la vallée de l'Ariège, au surplomb de la rive ouest, et offrait un panorama imprenable sur les lacets du fleuve et la ville de Pamiers. Aussi Lucien ne pouvait-il alimenter la cheminée qu'à la nuit tombée, de peur que la fumée ne le trahisse. Le matin, la température chutait dans la pièce de vie et, à midi, n'affichait déjà plus que trois ou quatre degrés. Il s'adaptait. La journée, il n'avait d'autre choix que de s'envelopper d'édredons, de couvertures et de draps ; il s'efforçait généralement de dormir en s'agitant le moins possible, de manière à ce que rien ne dépasse. Il ne se levait qu'au crépuscule. Il procédait à un brin de toilette, avant de disposer du petit bois et des bûches sur les chenets du foyer. Vers 17 h 30-18 heures, il s'installait au coin de l'âtre et se mettait à l'étude, en déjeunant de patates, de confiture de mûres et d'œufs en saumure. Il travaillait par tranches de deux heures et respectait le plus souvent son objectif d'en aligner quatre dans le temps d'une nuit. À l'aube, il sortait s'aérer un peu, poussait parfois jusqu'aux premiers bosquets, puis rentrait dîner d'une compote de pommes et se mettait au lit sans traîner. Lucien s'astreignait à l'exercice avec une rigueur monacale, jour après jour, heure après heure, persuadé que la grâce finirait par transfigurer la répétition quotidienne : un beau matin, comme toujours.

En pratique, Lucien patinait en roue libre dans son

plan de lecture. Il était parvenu au bout de l'introduction sans trop de peine, mais ne cessait, depuis, de relire en boucle le premier chapitre de la première partie de l'*Essai sur les notions de structure et d'existence en mathématiques*. Il s'enfonçait peu à peu dans la semoule. « Local », « global », Lucien avalait sans broncher toute la farine conceptuelle de la terre, mais refusait de gober les équations différentielles, aussi raide dans l'oukase qu'un poupon face à une bouillie de grumeaux. Il ne s'était pourtant pas toujours montré si rétif à l'algèbre. Il avait appris à compter, à multiplier, bien avant de maîtriser l'alphabet : grâce aux chiffres arabes d'une montre gousset. À quatre ans et demi, ses aptitudes au calcul mental faisaient même la fierté de Léa, sa mère. Elle en parlait, pleine d'une émotion sensible, comme d'un héritage direct du père et n'hésitait pas à solliciter son fils afin qu'il se donne en spectacle, à l'occasion de réunions amicales. L'enfant s'exécutait, mal à l'aise dans son corps, gêné de projeter à ses pieds l'ombre d'un mort. Ses résultats scolaires dans les disciplines scientifiques étaient demeurés excellents, du moins jusqu'à son entrée en classe de seconde au lycée Henri-IV. Cette année-là, les problèmes de barycentre s'étaient fracassés sur « Les épaves » de Baudelaire. Lucien avait cristallisé une préférence, identifié l'objet de son dédain. Entre la langue maternelle et la langue paternelle, il avait fait un choix, intime et conscient : par goût, par nécessité vitale. Il était devenu sourd à toute mathématique, d'un coup. À ses yeux, sa sensibilité poétique s'était épanouie sur ce refus, grâce à ce refus, comme un arbre au détriment d'un autre. Il admirait chez Jef l'égalité d'appétit pour la poésie et les mathématiques, comme chez Khayyam, mais, à titre personnel, il voyait là une contradiction violente. Il repensait à Laura, à ses professions de foi à la gloire de l'atome, à ces trésors infinis d'énergie et de bien-être qu'elle entrevoyait pour l'humanité dans un éclat de pechblende ; même avec tout l'amour que Lucien portait à la jeune femme, il ne parvenait pas à se montrer accessible au discours par lequel la science prétendait rendre compte de l'ordre du monde. Il n'y croyait pas, tout simplement. Pire : il ne démêlait dans ce brouhaha qu'une parole de destruction massive, le ronron de la mort qui remonte des entrailles de l'homme. Alors, en marge de ses maigres notes, il dessinait sur le papier des pâquerettes, des nuées de pâquerettes qui recouvraient bientôt les lignes d'écriture et la totalité de la page. « Une seule fleur contient tous les mystères de l'univers », l'axiome est bien connu. Aux yeux du jeune poète, encore restait-il à deviner laquelle.

Fin janvier 1944, la neige tomba en abondance sur les reliefs de l'Ariège. En quelques heures, le presbytère se trouva enseveli sous une épaisse couche de poudreuse, coupé du voisinage et de toute voie d'accès à la vallée. Le paysage plongea dans un silence dont le citadin pur sucre n'avait pas idée. Lucien perdit tout contact avec le règne animal. Les oiseaux de nuit cessèrent de ululer, les blaireaux de vermillonner, les sangliers de copuler et de fouir ; l'agent de liaison suspendit le cycle de ses visites. Pendant près de cinq semaines, Lucien n'entendit que les battements de son cœur et le bruit des branches qui craquaient à l'extérieur, sous l'amas des congères. Il s'alarmait de demeurer inutile, oublié de tous, et s'inquiétait plus encore d'être ravitaillé à temps. Il aurait aimé de la lecture, des œufs frais, il rêvait d'une omelette aux pommes, il n'en pouvait plus de la saumure et des schémas de structure : il devenait dingue.

Début mars, la neige fondit enfin, avec l'arrivée du redoux. Le 7, vers 15 heures, Lucien fut tiré de son sommeil par le bruit d'un moteur qui toussait dans la côte, en contrebas du chemin. Il reconnut immédiatement le véhicule et son chauffeur, l'homme qui l'avait accueilli à la gare Matabiau trois mois plus tôt. Les nouvelles n'étaient guère rassurantes. À Paris, Joliot-Curie venait de rejoindre la clandestinité, après s'être opposé en vain au nouveau décret de Vichy qui lui enjoignait de déclarer ses personnels. Lucien pouvait néanmoins se rassurer : les équipes du Prix Nobel s'étaient fondues dans la nature avec succès. Laura se cachait désormais chez les sœurs, à l'Hôtel-Dieu. La situation à Toulouse se révélait tout aussi délicate. Depuis le braquage de la paie des mineurs de Carmaux, le 8 décembre, et l'exécution de l'abbé Louis Sorel par un commando de la Résistance, douze jours plus tard, la situation de la ville rose ne s'était pas améliorée : elle avait atteint un point de pourrissement total. L'attentat raté du 1er mars, en plein centre de Toulouse, dans une salle du cinéma des Variétés, s'était soldé par la mise en place d'un dispositif policier franco-allemand sans précédent à l'échelle départementale. Le réseau responsable du fiasco des Variétés serait bientôt démantelé, de l'avis de tous, les premières vagues d'arrestations ne laissaient aucun doute à ce sujet. La tension retomberait alors d'un cran, le temps que la Gestapo et la Milice savourent leur victoire. C'est précisément cette courte phase qui allait offrir à Lucien l'opportunité de se fondre dans l'arène toulousaine avec les meilleures garanties de succès. Il devait faire preuve d'endurance, trois, quatre semaines encore.

Les jours s'étiraient au-dehors ; dedans, le jeune homme tournait en rond. Il dormait peu et mal, ne pouvait s'empêcher de penser à Laura constamment. Deuxième quinzaine de mars, le champ à côté du presbytère se trouva envahi par un troupeau de moutons. Lucien se reprocha de n'avoir rien vu venir. Il épia le comportement des bêtes à travers les volets, mais ne décela ni chien ni maître à proximité. Un soir, avant que la nuit ne tombe sur les collines, il brava les consignes de sécurité et sortit leur parler. Dans l'air flottaient des odeurs de glycine, le jeune homme se sentait inspiré. Encouragé par la qualité d'écoute, il improvisa un fervent « discours aux animaux ». Il y prit un tel plaisir qu'il réitéra la performance le lendemain, puis le surlendemain, jusqu'au moment où un des moutons revendiqua son tour de parole. Lucien conclut qu'il valait mieux éviter les escapades en journée.

Le printemps s'installait, les températures remontaient, le jeune homme sortait de sa carapace et arpentait la salle du presbytère en grognant comme un lion en rage. Un matin, il empila deux tables l'une sur l'autre, une chaise au sommet, et entreprit de forcer la trappe d'accès aux combles. Il se hissa tant bien que mal à l'intérieur du grenier. La lumière pénétrait par d'étroites meurtrières, Lucien nota qu'il devait se gaffer des enquestres tout autant que des poutres. Sur le plancher, il inventoria un désordre de meubles et de bibelots, de tableaux, de chevaux pour enfants. Il inspecta quelques caisses en bois pleines de cahiers d'écolier et de feuilles couvertes de lignes d'écriture. Il repéra des copies de philosophie. « Trouver beau », « Le secret », « Guerre et paix », Jef s'en était tiré avec les félicitations à chacun des sujets. Dans une armoire fermée à clé, Lucien découvrit un album photo de facture Art déco, de format oblong, avec une douzaine de tirages argentiques montés sur carton. Un titre au crayon : « Osaka, 1932 ». Une femme apparaissait à quatre reprises, une jolie brune de vingt-cinq ans ; sur l'un des clichés, Jef la tenait par la taille, comme une geisha : Lucien sourit en reconnaissant à l'image les deux kimonos qu'il avait devant lui, suspendus à leurs cintres et rangés dans l'armoire. Quelques feuilles glissèrent par mégarde de l'album : des pages manuscrites, des coupures de presse consacrées à un certain Ettore Majorana. Un physicien disparu, à ce que comprit Lucien. Il parcourut les notes d'un œil rapide : au milieu d'une série de patronymes aux consonances latines, il identifia « Enrico Fermi » et « Eugenio Montale », le nom du père de Laura. Il comprit qu'il tenait l'organigramme de l'Institut de physique nucléaire de Rome et se demanda par quel miracle un tel document avait pu se retrouver là. À sa connaissance, Jef et Laura ne s'étaient rencontrés que trois ou quatre fois, toujours en sa présence. Il fouilla le reste de l'armoire avec fébrilité. Au fond du meuble, dans une des boîtes à chaussures, il dénicha une série de carrés Hermès minutieusement pliés et enveloppés dans du papier mauve. Douze exemplaires du Jeu des omnibus et Dames blanches. Il les examina de près, l'un après l'autre. Il suivit la ligne de jonction des couleurs, comme le lui avait appris Laura, et détecta de la cire à batik sur chacune des douze pièces de soie.

Les copains du réseau avaient bien fait les choses : ils s'étaient donné le temps de peaufiner le scénario.

Quand Lucien « Ducasse » se présenta à l'embauche, 1, place du Capitole, à 8 heures, le matin du 3 avril 1944, la moitié du personnel de l'hôtel de ville de Toulouse le prenait pour « le petit de Léo » : Léo Ducasse, alias « la Trace », le champion de vélo ; et l'autre, pour le neveu de Raymond, un célèbre cordon-bleu de la région. Les deux gloires locales s'étaient éteintes à quinze jours d'intervalle au mois de juillet dernier, si bien que personne n'osa importuner la recrue de questions. Lucien officiait au deuxième étage de la mairie, dans un petit local de trente mètres carrés aménagé sous les combles, loin des zones de contact avec le public. Il était affecté aux écritures en qualité de gratte-papier, chargé de renseigner les rubriques légales sur les cartes d'identité, d'apposer la photo et le timbre sec avant signature. Il partageait le domaine de l'État civil avec deux professionnels chevronnés de trente ans ses aînés : François-René Pincette traitait les actes de mariage, les extraits de naissance, les certificats de décès, les livrets de famille, tandis que Jacques d'Indont tenait le registre complet des pièces émises par le service.

Il arrivait parfois à Lucien de se plaindre des promiscuités de la rue de Tournon ; pour autant, avec sa dalle en pente et ses siestes post-prandiales, Édouard Mesens ne dévoilait qu'une part infime de l'éventail des mœurs bureaucratiques. Lucien comprit très vite que l'effectif toulousain fonctionnait en relais. D'Indont, par exemple, se révélait un excellent copiste de 8 heures à midi. Il arrivait de bon matin, le teint déjà très rouge, mais la main ferme et le cœur toujours plein d'allant. De retour de pause, en revanche, il avait tendance à s'exciter, à se disperser et ne produisait plus en général que des pâtés navrants. Bien souvent, il incriminait la vétusté du matériel et n'hésitait pas à abandonner son poste pour aller mendier des fournitures neuves auprès des différents services de la mairie. Il pouvait ainsi s'esbigner des après-midi entières dans les étages ou les bistrots des environs et ne reparaître que le lendemain à 8 heures, frais comme un gardon. À l'inverse, Pincette offrait le teint cireux de ceux qu'affligent les problèmes digestifs dès le lever du soleil. Il passait la première partie de la journée à se tordre sur sa chaise en gémissant, à procéder à des réglages complexes, à bricoler le plateau de sa table, dont la hauteur et l'inclinaison le trouvaient inquiet de manière permanente. En matinée, il vouait à la contrariété une intolérance noire : il bougonnait toutes sortes d'anathèmes, de malédictions et saluait chaque erreur de copie d'un irrépressible grincement de dents. C'était une scie atroce, qui s'attaquait aux nerfs de l'étage, « le Chant du squelette », selon l'expression de d'Indont. Heureusement, les douleurs gastriques finissaient par refluer après le repas de midi et Pincette par prouver son efficacité à l'ouvrage. Entre les deux copistes, le ballet semblait réglé de manière chronométrée : le jeune homme se consolait en se répétant qu'au moins, il ne subissait pas leurs élucubrations en même temps.

En dehors de la porte à double battant, la seule ouverture de la pièce donnait sur un mur. La charge de travail n'était pas accablante, il s'en fallait de beaucoup. Lucien pouvait scruter durant des heures le paysage de briques rouges à travers la croisée. Le jeune homme détaillait le dessin de la suie sur les rectangles de terre cuite, y superposait le tracé de l'Ariège, au surplomb de Pamiers. L'ennui menaçait de durer. En six mois, rien n'avait bougé : le décor demeurait immobile, le vertige s'était figé. Lucien désespérait d'agir. Souvent, il songeait à l'avenir, à ce qu'il ferait plus tard, une fois la guerre terminée et Laura retrouvée. Par comparaison, il commençait à mesurer les avantages attachés à la librairie. Abstraction faite des aspects financiers – ils tranchaient à eux seuls –, le jeune homme ne supportait pas de devoir rester vissé sur une chaise à attendre que les heures passent, sous le regard pointu de deux hurluberlus. Il en ressentait une oppression physique, un poids au niveau du sternum qui se traduisait par un affaissement de la cage thoracique et une contraction des capacités pulmonaires. Il ne tenait pas à finir bossu ou, pire, asphyxié. Dans un endroit rempli de livres, il trouvait toujours à s'occuper, à organiser le temps à son idée : il respirait librement, même à côté d'un patron exigeant. À l'État civil, au contraire, à égalité d'inertie avec ses collègues, il étouffait et se sentait pompé à longueur de journée. Sans parler du fumet de gargote qui s'attachait aux vêtements de d'Indont, l'atmosphère de la pièce se révélait exténuante, viciée par nature. Lucien ne parvenait plus à se débarrasser de l'odeur de rance et de vieille bête qui tapissait ses narines. Il la restituait par tous les pores, par les ongles et les cheveux, même après les heures de boulot : pointer au bureau, c'était un peu comme enfiler la laine d'un mouton à même la peau.

Le jeune homme parvenait néanmoins à dominer son dégoût avec philosophie. Il lui suffisait, pour cela, de prendre de la situation une vue d'ensemble et de garder sa mission à l'esprit. Tous les dimanches à 16 heures, il retrouvait son agent de liaison dans un coin discret, sur les bords de la Garonne, non loin du lycée Pierre-de-Fermat. Il récupérait à l'occasion des fiches signalétiques dans un petit paquet, des photos de clandestins, des attestations bidon, sans poser de questions. En retour, il livrait les cartes d'identité qu'il avait pu établir durant la semaine et faire valider au commissariat. La police ne procédait par elle-même à aucune vérification et se contentait de donner une signature et un coup de tampon ; elle comptait sur les protocoles de recoupement des services de la mairie, autant dire sur la loyauté de Lucien à l'égard de Vichy. Le jeune homme traitait en main propre avec le divisionnaire et se chargeait à titre exclusif des navettes entre la mairie et l'hôtel de police : il pouvait escamoter les documents falsifiés pendant le temps des trajets. En un mois, il avait ainsi procuré une centaine d'identités nouvelles à la Résistance, sans que jamais Pincette ni d'Indont aient lieu de soupçonner le trafic. Il éprouvait de la satisfaction à se rendre utile, enfin. Il aurait aimé faire plus, se battre avec une arme, surtout. Il s'en ouvrait à chaque contact dominical et insistait pour plaider sa cause directement auprès du référent. Lucien n'avait toujours pas revu Jef depuis leur dernière entrevue à Paris, huit mois auparavant. Il supportait de plus en plus mal les réponses dilatoires aux demandes de contact transmises par la voie hiérarchique. Consignes de sécurité ou pas, il entendait bien recueillir les explications du philosophe concernant les foulards de Laura.

Lucien habitait une petite pension, rue du Taur, à moins de trois cents mètres du Capitole. Le plus souvent, il choisissait de rentrer à l'heure du déjeuner, afin de s'imprégner des odeurs de safran et de retrouver, un instant, celles de sa chambre. Il terminait à 18 heures et ne traînait guère dans les rues après le travail. En quelques semaines, il avait subi deux vérifications d'identité, des opérations de pure routine, dont il était resté commotionné durant des heures. Il ne se sentait nullement prémuni d'un excès de zèle de la Milice, même avec un laissez-passer du maire, bien en vue dans son portefeuille. Si, la journée, un simple contrôle pouvait virer au drame, à l'heure du couvre-feu, la rafle prenait un tour systématique. De manière générale, les Toulousains évitaient de se risquer dehors à la nuit tombée. Lucien observait prudemment les us et enchaînait les lectures. Le samedi et le dimanche, il profitait des heures de soleil pour partir à la découverte de la ville. Il arpentait l'espace urbain sans plan préconçu, infléchissant son chemin au gré des passants dont la silhouette évoquait celle de Jef. Il lui arrivait ainsi de filer des hommes sur des kilomètres dans le seul but d'apercevoir un visage. Il dérivait dans les rues de la ville selon ce principe général mais s'octroyait toujours de longs moments pour déambuler au bord de la Garonne.

Le samedi 27 mai, en début d'après-midi, c'est une femme qui attira son regard, quai de la Daurade, au pied du pont Neuf. Elle portait un bibi qui mettait en valeur une abondante chevelure brune. Elle paraissait de quinze années son aînée. Elle était jolie, attirante même, et présentait un air de parenté troublant avec le sujet féminin dont il avait vu le portrait à Pamiers. Il décida de lui emboîter le pas. Elle prit la rue des Couteliers en direction des Carmes et arriva place Mage, par la traverse du Canard. Rue Tolosane, elle s'arrêta devant un magasin d'antiquités, sortit une clef de sa poche et procéda à l'ouverture de la boutique au public. Le lendemain, dimanche, Lucien repassa dans la rue Tolosane consulter les horaires sur le rideau de l'échoppe. Le mardi suivant, à midi, il gagna la place Mage et s'attabla avec un quotidien à la terrasse d'un café. À 12 h 35, la femme ferma son commerce et prit la direction de la cathédrale Saint-Étienne, jusqu'à un restaurant de la rue des Trois-Banquets. Elle quitta l'établissement une heure plus tard. Lucien la laissa filer. Il épia la devanture du restaurant pendant dix minutes puis se décida à pousser la porte. Il s'installa au comptoir, salua le patron, commanda un ersatz de café. Il s'abrita derrière son journal afin de scruter la clientèle : il n'identifia aucun visage familier. Il était désarçonné. Plus il y réfléchissait, plus la ressemblance physique de l'antiquaire et de la geisha lui paraissait évidente. Il avala une gorgée brûlante. Il devait persévérer, remonter la piste selon le précepte : « Suivez la femme. » Lucien imagina soudain la tête de Laura et piqua aussitôt un fard.

Le scénario se répéta le lendemain, identique. Le jeudi, l'antiquaire effectua un long détour par les berges du fleuve. Elle profita des reflets du printemps, s'assit un instant au bord de l'eau, avant de remonter la rue de Metz pour déjeuner dans son bistrot. Elle en ressortit, seule, comme d'habitude, à 13 h 45. Lucien guetta les allées et venues quelques minutes encore, avant de pénétrer dans les lieux. Il l'identifia au premier coup d'œil. Jef était attablé, seul, non loin du comptoir ; il sifflotait en pelant une poire, l'air ailleurs. Lucien se dirigea vers lui d'un pas sonore ; le philosophe leva la tête. Il ne manifesta aucun étonnement en reconnaissant le jeune homme sous sa barbe de prophète. Il s'essuya les mains dans sa serviette, fit glisser sa chaise en silence et se redressa posément. Il affichait un large sourire. Il s'apprêtait à embrasser Lucien, lorsque la porte du restaurant s'ouvrit d'un coup violent sur un groupe de six miliciens. Jef eut à peine le temps de toucher l'épaule du jeune homme, ils se retrouvèrent l'un et l'autre à genoux, menottés dans le dos, un pistolet-mitrailleur pointé sur la nuque.

5

L'odyssée du train fantôme

Lorsqu'il sentit le contact du métal tiède sur ses poignets, Lucien ne put s'empêcher de frémir, ni d'associer le frisson qui parcourait son échine au supplice tant redouté du garrot. Le souvenir d'une gravure ancienne le hantait depuis des années. Il ne l'avait guère eue en main que quelques secondes lors d'une visite à Drouot, pourtant l'impression demeurait encore saisissante, effroyable à ses yeux : il se remémorait avec précision le totem, le collier de fer mat et, derrière, le filetage et son volant de fonte, larges et brillants comme une presse de notaire ; la pointe de fer peint, surtout, qui vient se ficher dans la nuque afin de disjoindre les vertèbres et d'écraser la moelle épinière. Il s'était contenté jusqu'à présent de poser sur la question un point de vue théorique ; au pied du mur, cependant, il s'imaginait mal résister à la torture plus de quelques heures, un jour ou deux, peut-être. Il lui appartenait en revanche de ne pas se vautrer dans l'aveu, d'en maîtriser le coût humain, tant que le pire n'était pas certain. Il devait laisser venir à lui les petits bourrins de Darnand, gagner du temps à tout prix, et par tous les moyens.

Jef et Lucien parvinrent en traction au siège toulousain de l'organisation paramilitaire, un bâtiment neuf de pierre blanche situé rue Maignac, non loin du Jardin des Plantes. Sur place, ils furent fouillés, déshabillés, puis soumis à des interrogatoires séparés. Lucien comprit très vite qu'il était la cause effective de l'arrestation du philosophe, et non l'inverse. Il valait mieux, pour tous les deux. Les questions des moustachus se concentraient sur les relations de l'État civil avec un dénommé Germain Fauxbras, le commissaire divisionnaire de la ville. La Gestapo soupçonnait ce dernier d'animer un vaste réseau de passeurs et de faussaires et venait de procéder à son arrestation. Le diable noir bénéficiait de l'assistance de supplétifs français pour le renseignement et l'opération finale de nettoyage. Lucien crut deviner qu'il faisait l'objet d'une filature serrée de la part des miliciens. Il ignorait depuis quand ; il ne s'était aperçu de rien, comme un gland, trop occupé à mettre lui-même ses pas dans ceux de la geisha. Il calcula que le dernier contact avec l'agent de liaison remontait à trois jours. Il devait jouer la scène au bluff, limiter la casse, coûte que coûte.

Lucien montra de la tripe. Il s'indigna qu'on traite de la sorte un fonctionnaire de Vichy, un patriote qui témoignait de zèle à son poste depuis presque deux mois. Il ajouta qu'il avait servi avec honneur son temps dans les chantiers de jeunesse. Il leva le menton, tendit le bras en ouvrant la paume et avança le nom du camp, Le Fier, à Rumilly, près d'Annecy, en Haute-Savoie, au sujet duquel il avait parcouru un article chez sa logeuse. Il dédouana la brune en argumentant les effets du printemps. Il soutint par ailleurs qu'il revoyait Albert Mérat, alias Jef Goldman, pour la première fois depuis le début de l'année 1941 et que ni lui ni son ami n'avaient eu le temps de formuler une seule parole avant leur arrestation. En face, les baffes manquaient de conviction. Les miliciens semblaient à court d'inspiration, frappés par une forme de langueur bureaucratique, bâillant à l'idée de recouper une identité ou, pire, de prétendus états de service par des voies purement légales.

Le jeune homme se battit pied à pied pendant deux heures. Il répondit, sans rien lâcher, aux interrogations des enquêteurs concernant ses collègues de bureau. Des questions si tordues, au demeurant, qu'il en vint à se demander si Pincette et d'Indont n'étaient pas en fin de compte les cafards de l'affaire.

Vers minuit, Lucien récupéra ses vêtements, se rhabilla en vitesse, retrouva l'air de la rue, un canon de fusil dans les côtes. Devant le bâtiment, il rejoignit Jef qui patientait à la lumière des phares, en compagnie de quatre hommes. Au coup de sifflet, les six prisonniers grimpèrent avec leur escorte à bord d'un camion bâché. Le véhicule obliqua vers les Carmes et poursuivit sa route au-delà du palais de justice. À l'arrière, les détenus lâchèrent un soupir avec ensemble. Ils pouvaient savourer un instant de répit : ils ne prenaient pas le chemin de la Gestapo, mais celui du castelet Saint-Michel, la prison française.

Le séjour de Lucien au pénitencier de Toulouse dura un long mois. Le jeune homme intégra une unité voisine de Jef, au premier étage, tout au bout de l'aile trois, soit la zone de haute surveillance de l'établissement, celle que l'administration réservait aux terroristes. Il partageait sa cellule avec une douzaine de compagnons d'infortune, un effectif assez peu nombreux au regard de la surpopulation globale de l'endroit, mais notoirement infiltré de mouchards. Personne n'osait parler, ni même regarder l'autre en face ; les prisonniers se tenaient en rond et restaient le plus souvent accroupis, sans bouger. Toute la journée, ils demeuraient dans un silence de mort, les yeux rivés au sol, et faisaient tourner des cigarettes en attendant que le couperet tombe et s'abatte au hasard sur l'un d'eux.

Le 6 juin 1944, la nouvelle du débarquement de Normandie se propagea dans la prison Saint-Michel comme une traînée de poudre. Chacun se mit à s'agiter, à tendre l'oreille aux échos du dehors, à tenter de multiplier les contacts avec le monde extérieur ; du jour au lendemain, radio-tinettes devint le centre d'attraction. La frénésie de nouvelles s'empara dans le même temps des gardiens. Certains matons commencèrent à relayer les informations de Londres et les tracts de la Résistance, d'autres, au contraire, à diffuser des rumeurs apocalyptiques en appesantissant les coups. Depuis quelques semaines, la brutalité de la répression mesurait la faiblesse du geôlier, ses doutes et ses angoisses plus justement que la détresse du prisonnier. Les cœurs s'emballaient des deux côtés : l'espoir venait de changer de camp, sans tambour ni trompette, et les folles impatiences de renaître dans les corps lessivés.

Lucien croisait Jef à peu près tous les jours, aux heures de promenade, et tentait à chaque entrevue de renouer le dialogue. Dans l'élan de loquacité générale, il désespérait de n'obtenir de lui que des considérations de pure forme ou des rappels à l'ordre toujours plus rudes. Le jeune homme se montrait discret, pourtant, voire subtil dans ses plans d'approche. Il veillait à n'aborder le cœur du problème à aucun moment, à n'évoquer jamais la geisha, ni le nom de Laura. Il ne croyait pas à la thèse de l'infidélité et brûlait de comprendre la nature du rapport qui liait sa fiancée au philosophe. Cependant, déchiré entre la perspective de trahir ses secrets et la nécessité vitale d'en connaître davantage, il préférait se taire et s'éloigner de Jef. Du reste, ce dernier ne lui offrait guère l'occasion de se répandre. Il n'hésitait pas à souligner la cruauté des temps chaque fois que le jeune homme manifestait un sentiment personnel. Il toisait les élans d'optimisme d'un œil d'une telle défiance qu'elle passait aisément pour l'expression d'un dégoût de l'être. Il serinait la présence de moutons partout dans la prison et rabâchait en permanence les consignes de prudence. Son visage restait fermé, jour après jour, le sourcil froncé sous la monture d'acier, le front creusé d'un long sillon.

« Ne vois-tu pas que l'histoire finira très mal pour la plupart d'entre nous ? » demandait Jef en désignant d'un grand geste la cour et les dizaines de détenus qui s'égaillaient à la promenade. Puis il se murait dans le silence.

Lucien essayait de ne pas se laisser contaminer par les humeurs de massacre, réelles ou feintes, du philosophe. Il se retirait sans insister, persuadé que Jef le considérait au mieux comme un danger, désormais, au pire comme un traître.

Le dimanche 28 juin, Jef ne se montra pas à l'heure de la promenade. Le soir, radio-tinettes diffusa une information des plus inquiétante : « le professeur » avait été transféré rue Maignac, au « Petit Château », à quelques centaines de mètres du siège de la Milice. Il se trouvait aux mains de la Gestapo. Lucien sentit l'étau se resserrer autour de lui, d'un coup. Comme celle de tous les prisonniers politiques aux premiers jours de l'été 1944, la vie du jeune homme ne tenait objectivement qu'à un fil : celui du peloton. Sabotages de matériel, déraillements de trains, incendies de dépôts et de stocks de carburant, attentats contre des officiers allemands, les actions de la Résistance se multipliaient dans la région et légitimaient aux yeux de l'occupant une répression exemplaire. Chaque jour, la Feldgendarmerie, la Gestapo, la Milice, les diverses polices allemandes venaient se chicorer au castelet Saint-Michel, comme à la foire aux horreurs, pour se partager les lots d'otages et de suppliciés quotidiens. Les prisonniers eux-mêmes semblaient se résigner à ce sinistre tirage au sort, hébétés de fatigue et de soif, assaillis de nausées, de touffeurs de tinettes ; ils se montraient soulagés, quand la chance les épargnait, de gagner un jour, ou parfois juste une heure.

Le 30 juin au soir, le bruit se répandit dans l'aile trois à la vitesse du tonnerre. Il tenait en quatre syllabes : « Demain, on part ! » Lucien se retourna toute la nuit comme une carpe : impossible de trouver le sommeil au bras d'une telle inconnue. Le 1er juillet, les futurs déportés poireautèrent toute la journée debout, rivés à leur bagage : en vain. Le 2, à l'aube, les soldats de la Feldgendarmerie rassemblèrent les effectifs du quartier de haute sécurité et procédèrent à l'appel général. Ils comptèrent quarante-deux femmes et cent quarante-huit hommes ; Jef n'était pas du nombre. Vers 11 heures, les prisonniers prirent place à l'arrière de camions bâchés qui les véhiculèrent jusqu'à la caserne Cafarelli. Ils débarquèrent dans la cour à coups de crosse, puis investirent le premier étage de l'édifice, une grande salle désaffectée à l'aspect vétuste. Sur place, ils rallièrent cinq cents camarades transférés la veille à Toulouse depuis le camp du Vernet. En entrant dans l'immense réfectoire, Lucien eut l'impression bien nette de pénétrer à l'intérieur de *La Parabole des aveugles*, un tableau de Brueghel l'Ancien dont il avait vu une copie au Louvre en compagnie de Laura. Les hommes s'appariaient à la désolation des lieux : des visages délabrés par les sévices, par les années de privations, des dizaines de cacochymes, des malades, des blessés, des estropiés avec leurs béquilles. Un vieillard gisait à terre, dans le désordre même de la nuit : à ses côtés, une prothèse de jambe articulée reposait comme un objet surréaliste. Lucien détaillait la marée des corps ravagés et se frottait les yeux : aux uns, il manquait la vue, aux autres, un bras, une oreille, les hommes jeunes et valides ne constituaient qu'une minorité. Les camarades s'exprimaient en espagnol, en italien, en polonais, en roumain, en hongrois, en tchèque, tout un Babel que Lucien entendait résonner pour la première fois. Ici et là, il lui arrivait de surprendre un chant, le filet d'une berceuse. En tendant l'oreille vers les fenêtres, il pouvait même capter la rumeur du boulevard, les sifflements du tramway, les cris des enfants : Lucien se sentait soustrait du monde des vivants. Seul dans la foule des corps, il se voyait moins qu'un animal, comme un simple objet parmi tant, un jouet d'apocalypse aux mains des Allemands.

Le lendemain, peu avant l'aube, la Croix-Rouge obtint l'autorisation de procéder à une distribution alimentaire. À 6 heures, Toulouse dormait encore sous un soleil pâle, dans l'air tiède du matin. Les détenus furent fouillés puis dirigés sans ménagement vers les camions et les autocars qui stationnaient à l'intérieur de la caserne. Ils débarquèrent à la gare Raynal, accueillis par les quolibets, les insultes. Sur le quai, ils retrouvèrent un petit groupe de camarades qu'on leur adjoignait pour l'épopée du train fantôme. Le cœur de Lucien bondit en reconnaissant la silhouette de Jef. Le philosophe semblait sévèrement amoché ; il tenait néanmoins debout et se déplaçait sans béquilles. Lucien tenta de lui adresser un signe à plusieurs reprises, puis le perdit dans la foule.

Vers 8 heures du matin, les six cent quatre-vingt-dix déportés embarquèrent à bord de wagons à bestiaux, par groupes de soixante-dix, sous la surveillance des têtes de mort et des gueulards de la gendarmerie allemande. Les voitures étaient fermées, puis cadenassées, au fur et à mesure du remplissage. Les soldats obturaient également les fenêtres au moyen de planches qu'ils clouaient à l'extérieur. Dedans, l'air devint rapidement irrespirable. Les hommes tombèrent leurs vêtements. Ils se retrouvèrent corps à corps, nus et suants, macérant bientôt dans leurs besoins comme au milieu du cloaque de l'enfer. Lucien n'osait pas se lever. Il restait assis sur le plancher sans pouvoir étendre les jambes, les mains dans la poussière de ciment. Le train s'attardait en gare, inexplicablement.

Le lendemain matin à l'aube, il n'avait toujours pas bougé. À 10 heures, la Société des amis des quakers apporta du pain et des boissons chaudes. Personne cependant ne reçut la permission de descendre. À

12 heures précises, le 3 juillet 1944, le convoi ferroviaire se mit enfin en branle.

Le long serpent de poussière progressa environ une heure en direction de Bordeaux, avant de piler dans la plaine. Au-dehors, Lucien perçut le pas des soldats qui piétinaient le ballast et s'affairaient à la vérification des cadenas. Il pouvait sentir leur souffle, leurs oreilles sur le bois, leurs mains comme des mygales collées à la paroi. Sans doute les Allemands traquaient-ils le bruit d'une scie ou celui d'une planche qu'on soulève, plus certainement encore escomptaient-ils un prétexte quelconque pour soumettre au fouet leurs prisonniers. L'opération de contrôle dura en tout quarante-cinq minutes.

Peu après Bordeaux, sur la ligne d'Angoulême, le convoi traversa un orage. La drache s'infiltra dans les voitures qui se transformèrent en cabines à vapeur. Les détenus, à l'étuve, commencèrent à fondre, lentement. À 19 heures, lors d'une halte, ils reçurent l'autorisation de se soulager dans les herbes et de se désaltérer un peu. Ils furent ensuite fouillés un à un, avant de reprendre place à bord des wagons. La nuit tomba, le train se remit en marche vers le nord. Toulouse, Bordeaux, Angoulême, sans aucun doute, ce serait ensuite Poitiers, Paris, Compiègne… Pour tous, désormais, l'itinéraire semblait se dessiner jusqu'au terminus : Berlin. Au bout d'une heure, cependant, la locomotive marqua un temps d'arrêt. Dans l'obscurité complète, le chauffeur ourdit toutes sortes de manœuvres aux desseins impénétrables, changea deux ou trois fois de voie, recula, avança, stoppa net, relança la vapeur. À chaque immobilisation, les soldats descendaient sur la voie, munis de puissantes torches, et renouvelaient les procédures d'inspection. Dans les wagons, nul ne parvenait à dormir, ni à mourir tout à fait.

Le lendemain matin, vers 10 heures, la gare d'Angoulême semblait encore loin. Le convoi se fixa une étape à Parcoul-Médillac, à une cinquantaine de kilomètres de la capitale angoumoise. Il bloqua en rase campagne sur une voie de stockage, à deux cents mètres de la petite gare ferroviaire. Le pays paraissait un peu trop tranquille. Il régnait sur l'endroit un silence de fossiles et d'insectes, une lumière propice aux reptiles. Lucien et ses camarades dressaient l'oreille. Ils retenaient autant qu'ils le pouvaient leur souffle, quand, soudain, ils crurent identifier le bruit caractéristique des avions, qui enflait au-dessus de leurs têtes. Les moteurs se rapprochaient d'eux à toute vitesse, les engins devaient bien être au nombre de cinq ou six, à en juger par le boucan. Les Allemands hurlèrent des ordres dans toutes les directions. Lucien s'approcha de la paroi latérale afin de contempler le spectacle : le bois tremblait sous ses mains. Il glissa un œil entre deux planches disjointes, juste à temps pour apercevoir la queue d'un appareil estampillé de la cocarde de la Royal Air Force. La plupart des soldats avaient fui pour se mettre à l'abri dans le plus grand désordre, mais les autres s'installaient tout le long de la voie ferrée et se répartissaient en petits groupes disciplinés, à cinquante mètres environ des rails. Couverts par des ballots de paille, ils prenaient en joue la porte des wagons et ajustaient tranquillement la ligne de mire. Les avions ne tardèrent pas à faire retour, cette fois-ci pour canarder. À l'intérieur des voitures, les prisonniers se jetèrent au sol les uns sur les autres dans un enchevêtrement indescriptible. Lucien remarqua que les balles déchiraient les parois de pin brut comme du papier. Sous le feu, deux jeunes détenus parvinrent à déclouer les traverses qui obstruaient la fenêtre et à brandir quelques haillons au-dehors en guise de drapeaux de paix. Les tirs cessèrent. Les pilotes anglais effectuèrent un demi-tour et s'empressèrent d'aller cracher leur plomb un peu plus loin. Lucien suivit le manège des brancards à travers les planches criblées d'impacts. Il dénombra trois décès parmi les déportés, ainsi qu'un soldat allemand. Pendant toute la journée, les ambulances évacuèrent les blessés. Les mécaniciens ne se présentèrent qu'en début de soirée. La locomotive avait besoin d'importantes réparations : les prisonniers restèrent à bord des wagons.

L'aviation anglaise continuait à patrouiller la région. Le 5 juillet, le convoi demeura prudemment à Parcoul-Médillac. Les soldats planquèrent à quelques dizaines de mètres des voitures, avec interdiction de se risquer à découvert. Ce fut un jour sans eau pour Lucien et pour ses camarades. Le 6, dans l'après-midi, le train repartit en direction d'Angoulême. Il roula cinq kilomètres à peine, avant de se figer à Charmant. Il occupa la voie deux jours durant. Le Secours national servit une soupe à l'oignon. À Angoulême, le 8 juillet, la gare offrait un visage entièrement dévasté. Lucien put voir des ouvriers s'activer à droite, à gauche, des pelles, des pioches dans tous les coins, des brouettes. Impossible d'aller plus loin. Les soldats paraissaient de plus en plus nerveux. Ils répétaient quarante fois par jour le mot « maquisards » et redoublaient de suspicion à l'égard des prisonniers. Le convoi rebroussa chemin en début de soirée.

Les 9, 10 et 11 juillet, il se maintint à Bordeaux, paralysé à quai, dans une gare de marchandises déserte. Il reçut à nouveau la visite du Secours national pour un ravitaillement en eau. À l'intérieur des wagons, les stocks de nourriture des copains du Vernet touchaient à leur fin : Lucien sentait le délire monter autour de lui et gagner peu à peu les esprits, comme dans les récits de cannibalisme du radeau de *La Méduse*.

Le 12 juillet, à 2 h 30 du matin, les gardes réveillèrent les prisonniers avec fracas. Le jeune homme fut expulsé des entrailles du wagon, projeté sur l'asphalte entre deux rangées d'uniformes à tête de mort armés jusqu'aux dents. Les soldats bichaient et crachaient de bon cœur. Ils aveuglaient les détenus puis les frappaient avec les torches ; ils insultaient leurs gueules de pirates, les obligeaient à s'aligner sur le quai par groupes de cinq, à grand renfort de crosses et de coups de latte. Baste. Lucien respirait, enfin. Il ne sentait que l'air frais couler dans ses poumons. Les rangs formés cependant, femmes en tête, le cortège se mit en route à la schlague. Lucien chercha la lune dans le noir, ne la trouva nulle part. Il sortirent de la gare et suivirent la direction de la place des Victoires.

Le fort du Hâ affichait complet depuis beau temps. Rue Labirat, la synagogue avait donc été réquisitionnée par les Allemands. Transformée en succursale de la prison militaire, elle se voyait régulièrement dévolue au transit des convois de déportés juifs dans la région. Les profanations opérées par les nazis, à l'intérieur comme à l'extérieur du lieu de culte, présentaient un tour compulsif. Sur l'entrée principale, à côté de trois portes en noyer sculpté, les Allemands s'étaient acharnés à coups de masse sur les plaques de marbre blanc, avant de graver la façade d'énormes bites au burin. Dans la nef du temple, séparée en son centre par un encorbellement de fil de fer barbelé, face à l'autel, l'immense chandelier doré à sept branches, la *menora*, n'en arborait plus que cinq. À droite, derrière la rangée de colonnes, un orgue magnifique avait subi des tirs de mitraillette, quelques départs de feu, et même des jets de foutre et d'acide sulfurique. Les tinettes s'alignaient près des portes, à la vue de tous, dégueulasses. La paille au sol se mêlait de poussière noire et de vermine, dont les gardiens des lieux semblaient favoriser l'élevage. Lucien fit connaissance avec les poux, des pieds à la tête. Il avait beau se l'interdire autant que possible, il s'écorchait le dos et la poitrine jour et nuit. Il ne parvenait plus à dormir et, dans un gaz perpétuel, rêvait d'un rechange qui sente bon le propre. Le matin, il profitait de la toilette pour frotter sa tenue à l'eau froide, mais, sans savon, il se condamnait à raviver indéfiniment la vigueur des bestioles et, sitôt rhabillé, recommençait à se labourer jusqu'au sang. Pour comble de malheur, la nourriture était infâme, de forme exclusivement liquide, quel que soit le repas. De l'attente, encore de l'attente, des poux, le manque de presque tout, ce n'était pas exactement comme cela que Lucien avait envisagé la guerre. Ni la solitude essentielle du guerrier.

Jef ne recherchait guère la compagnie du jeune homme. Il préférait la conversation des fantômes, la mélancolie des républicains espagnols, il ne lui adressait quasiment plus la parole. Lucien se tenait du reste à l'écart. Il surveillait le philosophe en douce, le voyait ruminer, afficher un air de plus en plus soucieux. Le 31 juillet, en plein après-midi, les Allemands alignèrent les détenus au centre de la cour, devant les portails de la synagogue. Dans un silence de mort, sous un soleil de plomb, un officier SS égrena une liste de noms. Il appela dix hommes à sortir des rangs sur-le-champ, dont le philosophe. « Départ immédiat ! » Tous les prisonniers regagnèrent en vitesse l'intérieur du temple, afin d'assister aux préparatifs de leurs camarades. Jef n'avait ni sac ni mallette. Il traversa la salle d'un pas décidé, l'air serein, et adressa au passage un sourire à Lucien.

Le lendemain matin, en jetant un œil à la cour où les SS avaient embarqué les otages, le jeune homme constata que les effets des malheureux étaient restés au pied du mur, comme un tas de colis en souffrance, dérisoires. Il se rappela les piles de fripes dans la boutique de Saint-Ouen : jamais il n'aurait cru qu'un tas de chiffons puisse retenir une lumière si tragique.

Le 7 août, c'est l'ordre de regroupement des bagages dans la nef qui donna le signal du départ.

Le 8, à 2 heures du matin, les Allemands rassemblèrent les prisonniers devant le bâtiment avant de procéder à un appel général. À 3 h 30, le cortège se mit en marche dans l'obscurité et s'achemina jusqu'à la gare de marchandises. Les prisonniers grimpèrent à bord des mêmes wagons à bestiaux, sur la même voie qui les avait vus débarquer un mois plus tôt. Le convoi s'éternisa à quai, finit par s'ébranler en fin de journée. Il traversa Agen, Montauban, parvint à Toulouse à 2 heures du matin. Puis il atteignit Carcassonne, Béziers, Montpellier.

Le 11 août, vers 15 heures, il observa une halte en gare de Saint-Césaire, à quelques kilomètres de Nîmes, afin de débarquer les cadavres. Les détenus, exténués, reçurent un carré de sucre. La chaleur se révélait insupportable pour les corps déshydratés, profondément éprouvés par l'aberration des positions contraintes. Les plus vaillants, comme Lucien, devaient hisser les plus faibles jusqu'aux fenêtres pour leur donner de l'air et les ramener un instant à la vie. Les autres gisaient sur les planches, évanouis, en attendant leur tour d'oxygène.

Le 12, le train s'immobilisa à Remoulins. Il y stationna jusqu'au 17, sous la menace perpétuelle des bombardements de l'aviation britannique. Le 15 août, la nouvelle du débarquement de Provence atteignit le convoi et exacerba la terreur parmi les troupes d'encadrement. Les tortionnaires affichaient des mines déconfites. Ils regardaient le ciel avec panique, redoutant en particulier les escadrons d'éclaireurs : la course-poursuite avec les forces alliées était lancée.

Le 17, le convoi reprit sa route vers le nord. Il stoppa un peu plus loin, à Pont-Saint-Esprit. La voie ferrée finissait sur le Rhône. Les soldats décidèrent de transborder les six cent cinquante prisonniers à pied. Le cortège progressa cahin-caha en coupant à travers les vignes de Chusclan, de Mornas. Il franchit le fleuve sur un pont de bois, puis obliqua vers le sud, en direction de Châteauneuf-du-Pape. Les prisonniers crapahutèrent ainsi dix-sept kilomètres en plein cagnard, avant de pénétrer dans la gare de Sorgues et de trouver de l'eau. Et le nouvel avatar de leurs wagons à bestiaux. Lucien constata qu'il manquait un bon nombre de prisonniers à l'appel. Certains avaient réussi à s'évader, d'autres étaient morts, à bout de forces. Le jeune homme se persuada qu'il ne devrait pas laisser passer sa chance, une fois dans le train.

Le convoi ferroviaire reprit la route au crépuscule. Peu après 10 heures, le lendemain, il fut la cible d'un raid éclair de l'aviation alliée, non loin de Pierrelatte. À Montélimar, Lucien compta neuf morts et une douzaine de blessés parmi les prisonniers. Le 20 août, à Valence, les rescapés franchirent la Drôme à pied. Devant eux, la silhouette du train fantôme se matérialisait déjà sur l'autre rive, comme par magie. Ils traversèrent Lyon dans la nuit du 21, Mâcon et Chalon-sur-Saône dans la matinée du 22. La frontière allemande se profilait à une allure croissante et, avec elle, une mort certaine. Autour de Lucien, la plupart des prisonniers présentaient les signes d'une faiblesse extrême. Quand ils ne manifestaient pas leurs dérèglements vitaux par des glapissements nerveux, les hommes se butaient dans un silence farouche et perdaient peu à peu l'usage de la parole. Plus que les autres muscles, encore, les langues avaient fondu sous l'effet conjoint de la soif et de la famine planifiées, et de la chaleur.

Lucien songea qu'il fallait agir vite, tant qu'ils conservaient un peu de ressort. Il secoua quelques copains, motiva les plus vigoureux. Ensemble, ils commencèrent par sonder l'endroit propice pour ouvrir une brèche dans le plancher d'un cercueil. Ils collectèrent les pauvres outils que les uns et les autres avaient réussi à dissimuler lors des séances de fouille : quelques paires de ciseaux, deux ou trois couteaux, des limes de manucure et une barre de fer, qu'un prisonnier avait eu la présence d'esprit de dérober sur le ballast lors du transbordement de la Drôme. Ils se mirent à creuser simultanément les deux extrémités d'une même planche, à gratter avec les ongles, avec des instruments de fortune, à organiser les équipes en relais. Ils n'attaquaient le bois que lorsque le train atteignait une certaine allure, par mesure de sécurité. Posté aux fenêtres, un service de garde s'occupait de signaler les ralentissements du convoi.

Le soir du 22, les hommes parvinrent à faire levier avec la barre de fer et, sans les briser, à soulever deux travées complètes. Parmi les occupants du wagon se trouvait un certain Boncors, un ancien détenu du fort de Hâ, un mécanicien spécialisé dans les chemins de fer, jusqu'à son arrestation en décembre 1943. Il détailla les différentes parties métalliques que Lucien et ses compagnons découvraient sous les poutres. L'homme de l'art attira notamment l'attention sur un large élément triangulaire qui appartenait au frein du wagon. Il expliqua que c'était au milieu de cette pièce de fer qu'il convenait de glisser, en s'assurant du contact du sol avec les pieds, la tête orientée dans le sens de la marche, avant de se jeter d'un seul coup en avant, ventre à terre, entre les rails, les bras soudés dans le prolongement du corps. Il conseilla de tester les appuis avec prudence et de se placer dans le triangle d'acier de manière à ne rencontrer ni la roue droite, ni la roue gauche, en veillant, dans le même temps, à ne pas tomber non plus pile entre les rails, car, ajouta-t-il, « le dernier wagon d'un convoi comporte toujours au milieu un crochet assez solide pour fracasser la tête d'un bœuf ».

Dans la voiture, bon nombre de prisonniers paraissaient trop mal en point pour courir le risque. Les volontaires fixèrent l'ordre de passage à la courte paille. Lucien obtint le numéro sept. Il observa attentivement la manière dont les copains se positionnaient à l'intérieur de la structure. Pour empêcher tout accrochage au cours du plongeon, les candidats à l'évasion coinçaient leur veston dans la ceinture et leurs pantalons dans les chaussettes. À quarante kilomètres à l'heure, cependant, le choc avec le ballast se révélait violent. Aucun ne se souciait pour autant de protéger ses dents. Le jeune homme réfléchit un instant. Au pied de son grimpant, il découpa un large ourlet de toile, puis le roula longuement entre ses mains moites. Devant lui, le camarade hésita un bon moment avant de remonter calmer ses tremblements à bord du wagon. Ne pas regarder les pierres. Quand vint son tour, Lucien ne fit ni une ni deux : il emboucha le mors avec appétit, puis se laissa happer par la nuit.

ÉPILOGUE

Lorsqu'on examine le cliché qui immortalise Zonzon sur l'épaule de son maître, le sourire de Lucien apparaît sans aucun détriment, éclatant de fraîcheur comme celui d'une vedette émaillée à l'écran. Dans une ambiance de clair-obscur inspirée du studio Harcourt, l'artiste a choisi de focaliser ses projecteurs sur les incisives supérieures de ses modèles, afin de souligner la complicité organique des êtres, au terme de l'épreuve. La prise de vue, en tout point magnifique, appartient à une série de portraits réalisés par la Taupe dans son atelier de la rue Jean-de-Beauvais au mois d'octobre 1944, à l'occasion du retour de Lucien à Paris. On y découvre Édouard Mesens, qui se prête au jeu des photos-souvenirs en compagnie d'Odette, son épouse, mais également Paulette, au bras de Monny, l'air épanoui, la Taupe elle-même, sans oublier Pitroque, le plus radieux de tous. Ce dernier a tenu à marquer sa singularité et pose à l'horizontale, allongé sur un drap noir, entouré d'une nuée de lapins de Pologne. Après le départ de Lucien, c'est en effet chez lui que Zonzon et sa femelle avaient trouvé refuge. Au fil des mois, la famille s'était agrandie et Pitroque avait fini par s'attacher aux bestioles. Depuis le déménagement de son stock, en octobre 1940, le spécialiste des sciences sociales vivait seul, emmuré dans un appartement de la rue Mazarine, il ne fréquentait plus personne. Désœuvré de la conversation des hommes, il s'était découvert des dons pour le bistouri et la gravure d'imitation. Il employait ainsi son temps à inciser des chutes de lino, à couler des moules en plâtre pour sculpter de faux cachets. Il reproduisait les signatures à la perfection et réussissait à falsifier n'importe quelle pièce d'état civil et tous types d'*Ausweis*. Il débitait ses contrefaçons avec tant d'efficacité qu'il devint en peu de temps la cheville ouvrière du réseau de Mesens. Par prudence, il ne sortait jamais de son appartement, un petit logement ouvrier loué avant-guerre au nom d'une amie proche. Seuls deux hommes étaient autorisés à lui rendre visite et à le ravitailler matin et soir, tous les jours, de manière rituelle, de sorte que la locataire en titre passait aux yeux du voisinage pour une aimable gourgandine qui veillait à sa ligne en croquant du céleri.

Pitroque et Monny récupérèrent un registre du commerce en février 1945, au terme d'un long semestre de procédures judiciaires. Auréolé de prestige, cédant aux pressions amicales de toutes parts, Édouard Mesens se résolut à rouvrir *Les Corps intermédiaires* quelques semaines plus tard. Après sept ans de loyaux services, Lucien obtint finalement de signer un contrat de travail en bonne et due forme, ainsi que la garantie d'un vrai salaire. L'horizon dégagé, les choses rentraient peu à peu dans l'ordre. La tension retombait d'un coup ; la vie retrouvait son rythme, sa fluidité : le long cours des malheurs mitigés.

À bien y regarder, le monde n'avait pas tant changé. Les hommes redécouvraient, avec des sentiments souvent équivoques, la place qui leur était assignée. Lucien mesurait, quant à lui, l'étendue du désert autour de la sienne. La guerre avait emporté ceux qui l'aimaient. Ceux qu'il vénérait ; ceux dont il se sentait proche, qui lui tenaient chaud en hiver. Lucien pleurait en silence la promesse des morts. Il semblait vouloir porter le monde en terre et, comme un piètre ouvrier, s'abandonnait souvent à la colère. Son ventre se nouait chaque fois qu'il repensait à sa mère, tuée lors du bombardement de Thônes, en Haute-Savoie ; à Jef, exécuté au camp de Souge, deux jours avant, le 1er août 1944, avec quarante-neuf camarades ; à Laura, qui agonisait depuis des mois sur un lit d'hôpital, à deux pas de Notre-Dame. Les médecins n'entretenaient plus aucun espoir quant à l'évolution probable de sa pathologie. La jeune femme présentait un syndrome d'irradiation aigu de forme pulmonaire, la pire de toutes, peut-être. Le diagnostic était tombé à l'occasion d'une énième bronchite, un mois après le départ de Lucien pour Pamiers. Le vendredi

7 janvier, vers 15 heures, Laura s'était évanouie dans le laboratoire de chimie. Elle saignait de la bouche. Joliot-Curie l'avait fait admettre sans délai à l'Hôtel-Dieu tout proche, secteur A2, au sous-sol de l'établissement, où elle avait pu bénéficier de l'examen d'un des rares spécialistes des pathologies liées aux rayons. Selon la Faculté, il s'agissait d'un cas d'irradiation chronique, une intoxication favorisée par une constitution fragile, longtemps entretenue, dans l'histoire du sujet, par la manipulation quotidienne d'oxyde d'uranium et par un contact répété avec toutes sortes de radioéléments. En dehors de la morphine, il n'existait aucun traitement pour soulager la patiente.

Lucien rendait visite à sa fiancée tous les soirs. Chaque fois, Laura se voulait rassurante, mais ses forces fondaient à vue d'œil. Elle ne se remettait pas de la disparition de son père, Eugenio, raflé par la Luftwaffe sur le site de la faculté de Clermont-Ferrand, le 25 novembre de l'année précédente. Lucien voyait la jeune femme s'effondrer à ses pieds comme une flaque, sans pouvoir la retenir. Il tentait bien de se montrer mutin avec elle, amoureux, mais supportait très mal de la voir perdre ses cheveux. Ses sourcils avaient disparu ; sa peau se craquelait et devenait peu à peu diaphane. Elle ne se déplaçait plus. Lucien contemplait la beauté irréparable : rien dans l'ordre des choses humaines ne saurait valoir une telle peine, ni justifier pareil gâchis.

Laura lui avait révélé l'énigme des foulards dès son arrivée dans la capitale. En janvier 1941, lors de son escapade à Paris, Jef avait réussi à nouer un contact direct avec elle, à l'insu du jeune homme. Auprès de Laura, le philosophe s'était fait l'écho des doutes qu'on émettait à Londres et à Washington quant à la loyauté de Joliot-Curie. En dépit des gages offerts par ce dernier, notamment le transfert réussi de l'eau lourde en Grande-Bretagne, les Anglais et les Américains envisageaient d'un œil circonspect les accointances du Prix Nobel avec les physiciens nazis, non moins que ses facilités avec les jeunes loups de Vichy. Jef s'était attaché à convaincre Laura du caractère stratégique de la position qu'elle occupait au sein de l'équipe du Collège de France et, sans détour, lui avait proposé d'espionner les activités du département de chimie nucléaire au profit du BCRA. Cyclotron *et* laboratoires, côté allemand *et* côté français. La chercheuse s'était d'abord récriée : elle ne voyait aucune raison de trahir son bienfaiteur. Avant de reconnaître que le vrai combat se situait ailleurs. Ainsi, pendant trois années complètes, Laura s'était employée à établir des mémos, des comptes rendus d'activité, à noter les formules chimiques et toutes les équations sur lesquelles elle parvenait à faire main basse au cours de ses déplacements d'un étage à l'autre du Collège. Les laborantins obéissaient à l'interdiction formelle de rien rapporter chez eux, mais la jeune femme passait aisément les contrôles grâce à un système ingénieux. Elle conservait en permanence sur sa paillasse une fiole de liquide transparent, un reste de « gadoue » hautement radioactif. Au moyen du pinceau qui structurait son chignon, d'une écriture en pattes de mouche, elle couchait en douce ses topos sur la soie de ses carrés Hermès. Une fois séchée, la « gadoue » demeurait invisible, comme une encre sympathique. Jef n'avait plus qu'à déployer le foulard sur du papier photosensible pour révéler le texte ; il photographiait ensuite le tirage avec l'appareil adapté, avant de faire parvenir le document à Londres, sous forme de microfilm.

Jef avait emporté sa part du secret dans la tombe. Comble de l'ironie, le 9 mai 1945, c'est de Frédéric Joliot-Curie soi-même que Laura Montale accueillit l'insigne de la Légion d'honneur, pour services exceptionnels rendus à la nation et à son « rayonnement » dans le domaine de la recherche scientifique. Il ne restait pas suffisamment de temps à vivre, ni assez de forces à la jeune femme pour protester de son indignité. Les autorités, du reste, ne lui en offrirent guère la possibilité. La cérémonie se déroula en moins de dix minutes, de bout en bout pathétique. Lucien véhicula Laura jusqu'au jardin de la cour d'honneur de l'Hôtel-Dieu où se dressait une tribune et, sous les regards affligés de la masse des spectateurs, dut se dépatouiller, seul, avec les roues du fauteuil qui bloquaient dans le gravier. Devant la foule des inconnus réunie, il exécuta les gestes un peu honteux qu'on attendait de lui : il glissa ses mains sous les aisselles de Laura et la maintint droite, à bout de bras, comme une poupée d'os et de chiffon, le temps que le dignitaire épingle sa rosette. À travers Joliot-Curie, ce jour-là, comme à chaque cérémonie patriotique qu'il lui était donné de suivre, Lucien avait le sentiment bouffon qu'un peuple se dédouanait de ses manquements à l'histoire immédiate. De la manière la plus sale qui soit : en glorifiant les victimes, au nom de leur sens bien connu du sacrifice. Le silence s'imposait aux morts, sans ménagement. Le pays retaillait sa légende à grands coups de ciseaux : la France occupée découvrait ses héros.

Le 7 juin, Édouard Mesens reçut à la librairie un courrier à en-tête adressé à Monsieur L. Ducasse. La lettre émanait d'un Comité des survivants du train fantôme. Quand Lucien apprit que ledit comité envisageait de soumettre sa candidature au titre de la médaille de la Résistance française pour son rôle actif lors de l'évasion des prisonniers de la voiture 17, sa première impulsion lui ordonna de refuser. Le jeune homme ne s'en sentait pas digne. Son rôle dans la Résistance n'avait pas tenu deux mois et se soldait, en toute honnêteté, par un bilan tragique. Il est vrai qu'en dehors de Lucien, personne n'en savait rien. Dans les nombreux récits qu'il avait produits de son arrestation depuis neuf mois, il s'en était toujours tenu à la version du contact de routine qui avait tourné au traquenard de la Milice. Le philosophe ne pouvait plus le contredire. Ni la geisha ni l'agent de liaison n'avaient refait surface. Les Allemands avaient anéanti le réseau, la lettre le confirmait *ipso facto*, une fois de plus. De retour à Paris, dans l'euphorie, Lucien ne s'était pas senti le cœur de gâcher la fête. À présent, il se voyait mal faire machine arrière. Laura l'encourageait à accepter, vivement. Monny énumérait les avantages que Lucien tirerait d'une telle distinction. De son côté, Édouard Mesens se vantait d'ores et déjà, partout, d'avoir contribué à l'éducation d'un héros du monde occidental. Il plaisantait à peine. Dans un élan d'enthousiasme, il promit même d'offrir à son protégé un costume digne de la cérémonie qui s'annonçait. Lucien se marrait en silence. Il aurait parié qu'il s'agissait de la vieille tenue de noces que son patron lui avait prêtée à l'automne 1943. Le jeune homme se revoyait en pied, devant les miroirs de la maison Hermès : le costume lui allait comme un gant. Il hésitait, louvoyait, tentait de reculer, ses arguments tournaient court, sauf à tout avouer. Mais quoi ? Un trou noir ? À voir le monde réécrire son passé au jour le jour, Lucien commençait à douter des vertus de la mémoire. Le 21 juin, il annonça qu'il acceptait d'endosser les habits du héros. Il ne s'étendit pas sur ses raisons, mais la réapparition de Léon, la veille, à Drouot, avait fini de balayer ses dernières objections.

Laura s'éteignit sans un mot le 5 août 1945, à 19 h 45, au sous-sol de l'Hôtel-Dieu, à une volée de marches du service de maternité où Lucien avait vu le jour en 1922. Il s'était préparé depuis longtemps à une issue fatale. Laura avait vingt-cinq ans. « Il n'y a pas d'âge pour mourir », avait-il entendu dire d'un enfant : le jeune homme s'accoutumait à l'idée lentement. Sur le parvis de Notre-Dame, il contemplait la statue équestre qui figure Charlemagne et ses leudes. Sa mère prétendait depuis toujours que la sculpture était l'œuvre de deux cousins éloignés, des parents de la branche du Grand-Bornand, mais elle n'en avait jamais apporté la moindre preuve. Seul dans la soirée brûlante, Lucien s'étonnait de la folie des siens : la folie de connaître, la folie d'aimer, de s'abandonner, la folie de soumettre la vie à des idées. Il ne parvenait toujours pas à comprendre au nom de quelle intuition scientifique Jef et Laura avaient accepté de nouer leur destin. Ils s'étaient battus dans cette guerre, en secret, comme des soldats disciplinés, persuadés l'un et l'autre que l'énergie atomique constituait à la fois la clef du conflit actuel et la panacée de demain. La folie de s'entêter dans des chimères. Où croyaient-ils aller sur ce chemin ?

À 19 h 55, le tonnerre gronda au dessus de Notre-Dame. En quelques secondes, le ciel s'obscurcit ; les badauds se hâtèrent de passer les ponts et de se mettre à l'abri. Lucien demeura bientôt seul au milieu de la place. De grosses gouttes coulaient sur sa gorge, mouillaient ses cheveux, son visage. Il décida de camper un moment sous l'orage.

À neuf mille cinq cents kilomètres de là, au même instant, une pluie noire s'abattait sur les fantômes d'Hiroshima.

DU MÊME AUTEUR

Aux Éditions Albin Michel

HAUTE ÉPOQUE, 2013.

Chez d'autres éditeurs

LE CURE-DENT, Allia, 2008.

Composition : IGS-CP
Impression : CPI Bussière en juin 2016
Éditions Albin Michel
22, rue Huyghens, 75014 Paris
www.albin-michel.fr
ISBN : 978-2-226-32876-2
N° d'édition : 22280/01 – N° d'impression : 2015570
Dépôt légal : août 2016
Imprimé en France